D1665304

Wem dient die Wissenschaft?

Isabelle Stengers
Wem dient die Wissenschaft?

Aus dem Französischen von
Bernd Wilczek

Gerling Akademie Verlag

Die Originalausgabe erschien 1997 unter dem Titel
»Sciences et Pouvoirs« bei Editions Labor, Brüssel.

Die Deutsche Bibliothek – CIP-Einheitsaufnahme

Stengers, Isabelle:
Wem dient die Wissenschaft? / Isabelle Stengers. Aus dem Franz. von
Bernd Wilczek. – München : Gerling-Akad.-Verl., 1998
Einheitssacht.: Sciences et pouvoirs <dt.>
ISBN 3-932425-10-3

Umschlaggestaltung: Claus Seitz, München
Titelabbildung: »Aufnahme vom menschlichen Schädel«, Bavaria
Satz: Fotosatz Reinhard Amann, Aichstetten
Druck und Bindung: Clausen & Bosse, Leck
ISBN 3-932425-10-3

www.gerling-academy-press.com

Inhalt

Einleitung

»Es ist bewiesen, daß...«, »vom wissenschaftlichen Standpunkt aus betrachtet...«, »die Fakten belegen objektiv, daß...«: Sind nicht die Reden der uns regierenden Politiker nur allzuoft mit derlei Wendungen gespickt? Es fällt auf, daß sie immer dann bemüht werden, wenn man die Menschen dazu auffordert, sich mit den Gegebenheiten abzufinden, die Kluft zu akzeptieren zwischen dem, was die Politiker wollen und wünschen, und dem, was machbar ist. Aber worauf beruft man sich eigentlich bei der Bestimmung dessen, was machbar ist? Seitdem das Selbstverständnis unserer Gesellschaften ein demokratisches ist, seitdem sie keine höhere Macht akzeptieren als den Willen des Volkes, liefert die Wissenschaft das einzige gewichtige Argument hinsichtlich dessen, was machbar ist und was nicht.

Nur um von vornherein jedem Mißverständnis vorzubeugen, möchte ich betonen, daß *die* Wissenschaft hier nicht als Gegenteil von Demokratie betrachtet wird. Sie tut nichts anderes, als das zu formulieren, was – unabhängig davon, ob es uns nun paßt oder nicht – *ist.* Das Volk hat die Aufgabe, unter Berücksichtigung dessen, »was ist«, zu entscheiden, »was sein soll«. Das Volk muß die Experten anhören, es muß akzeptieren, realistisch zu sein, d. h. reif und vernünftig, um dann eine wohldurchdachte und abgewogene Entscheidung zu treffen. Die Aufgabe der Politiker dagegen besteht darin, Erklärungen zu geben, Sachverhalte verständlich zu machen, die Menschen dazu zu bewegen, das zu akzeptieren, was sich nun einmal nicht ändern läßt, bevor sie die Möglichkeiten in bezug auf das aufzeigen, was noch zu entscheiden bleibt.

Die Wissenschaft, die dazu imstande ist, über derartig viele Angelegenheiten zu befinden, hat wahrlich ein breites Kreuz. Und sie verfügt zudem über eine ganze Reihe tüchtiger Vertreter, d. h. Experten, die einem beispielsweise erklären: »Ja, ja, sicher kann man davon träumen, sich den harten ökonomischen Gesetzen zu entziehen. Das ist aber ungefähr das gleiche, als würde man davon träumen, sich ohne irgendeinen Motor und allen Gesetzen der Schwerkraft zum Trotz völlig selbständig in die Luft zu erheben.« Schließlich entscheidet man sich nicht für oder gegen die Gesetze der Schwerkraft, oder? Und genausowenig steht es einem zu, sich für oder gegen die ökonomischen »Gesetze« zu entscheiden. Man hat sich ihnen zu unterwerfen, bestenfalls ihre Auswirkungen vorherzusehen und ihre Ergebnisse abzuwägen. Eine »menschlichere« Abwägung? Sicher wird man sich dafür aussprechen. Eine Abwägung, die am Ende dazu führt, der ökonomischen Dynamik zu vertrauen, um den allgemeinen Wohlstand zu vermehren? Niemand wird sich am Ende dagegen aussprechen.

Und wenn diese Arbeitsteilung zwischen Wissenschaften und politischer Entscheidung nichts anderes als ein großer, äußerst fragwürdiger Schwindel wäre? Und wenn man im Umkehrschluß hierzu sagen muß, daß Vertrauenswürdigkeit und Nutzen der unterschiedlichen Formen von Wissen, die eine Gesellschaft zu erzeugen vermag, für die Qualität seiner demokratischen Funktionsweise stünden? In diesem Fall wären alle Argumente, die sich auf die Wissenschaft berufen, nichts anderes als autoritative Argumente, die sowohl den Wissenschaften als auch den Anforderungen einer Demokratie schaden. Diese läßt sich nämlich nicht mehr auf eine weiterentwickelte Form der alten Kunst reduzieren, eine Herde anzuführen. Und genau dieses Problemfeld gilt es zu erkunden.

Diese Erkundung sollte eher über verschlungene Pfade denn auf direktem Weg erfolgen. In Wahrheit geht es nämlich nicht darum, ein einziges Argument zu entwickeln, sondern darum, eine ganze Landschaft von Argumenten zu schaffen. Mit deren Hilfe können die in sich selbst schon vielschichtigen Problemfelder Wissenschaften und öffentliche Gewalten verknüpft werden. Der Gebrauch des Plurals ist in beiden Fällen von ganz entscheidender Bedeutung. Das ist auch der Grund dafür, weshalb jeder Abschnitt der folgenden Kapitel mit anderen Abschnitten verknüpft ist, in denen eine direktere Auseinandersetzung mit solchen Problemen erfolgt, die zunächst nur andeutungsweise behandelt wurden. Dieses Verfahren läßt sich an Hand eines fiktiven Abschnitts verdeutlichen, in dem es zum Beispiel um die Beschreibung eines Tals geht: Er müßte einen Hinweis auf den Berg enthalten, der dieses Tal beherrscht, wäre aber mit einem anderen Abschnitt verknüpft, der sich mit dem Berg befaßt. Um den Lesern die Orientierung zu erleichtern, verweise ich – wie bei einem Reiseführer – an den Stellen, wo ich ein Thema anspreche, ohne zunächst näher darauf einzugehen, auf den jeweiligen Abschnitt, der sich dann ausführlicher mit der Fragestellung befaßt.

1. Im Namen der Wissenschaft

A. Was mag Wissenschaft wohl sein?

Wie ist es möglich, daß *die* Wissenschaft so vieles weiß? Woher stammt ihre wunderbare Fähigkeit zu sagen, »was ist«, wohingegen wir Normalsterblichen, Nichtwissenschaftler, offensichtlich Gefangene unserer Vorurteile, Wünsche und Illusionen sind? Weshalb müssen wir immer wieder zur Vernunft gebracht werden? Und wenn wir uns einer Maßnahme oder Entscheidung widersetzen, merken unsere gewählten Vertreter diesbezüglich nur noch an, daß es ihnen an pädagogischem Geschick gefehlt habe, daß der Gegenstand »schlecht vermittelt« worden sei. Womit eigentlich gemeint ist: Schlecht vermittelt worden sind die »unanfechtbaren und unbestreitbaren Gründe, die eigentlich bewirken sollten, daß die getroffene Maßnahme bzw. gefällte Entscheidung weder diskutiert und noch weniger bekämpft wird«.

Die Wissenschaft sei eben das, so sagt man, was es dem Menschen möglich macht, sich von seinen Vorurteilen, Wünschen und Illusionen zu befreien, die verhindern, daß er das sieht, »was ist«. Ihre Regeln basieren auf Neutralität und Objektivität. Sicher sind das ziemlich nüchterne Tugenden, und es ist nachvollziehbar, daß die Menschen so etwas wie einen »seelischen Ausgleich« benötigen, den ihnen private Beziehungen, Freundschaften, Spiele, das Fernsehen, die Kunst, der Fußball etc. liefern. Aber trotzdem handelt es sich um absolut notwendige Tugenden, denn nur sie ermöglichen das Zustandekommen einer Übereinkunft, die nicht dem Einfluß von Macht und Leidenschaft unterworfen ist. Was ist die Erde? Befindet sie sich auf dem Rücken einer

Schildkröte oder im Zentrum des Universums? Treibt sie auf einem chaotischen Ozean oder ist sie in einem Kristallgewölbe gefangen? Nein! Wir alle wissen, daß sie ein Planet ist, der sich um die eigene Achse dreht und gleichzeitig um einen anderen Stern, der seinerseits Teil ist ... Wir wissen es alle, es besteht kein Zweifel, und das ist deshalb so, weil die Wissenschaft die Bühne betreten hat. Ihr ist es zu verdanken, daß Einverständnis herrscht, denn der Unfriede entspringt Vorurteilen, Wünschen und Illusionen. Diese sind die Ursache dafür, daß einzelne Menschen und Menschengruppen in Konflikt zueinander geraten, der sie daran hindert, die Wirklichkeit so zu »sehen«, wie sie ist. Die Wissenschaft ist das, was die Menschen, trotz ihrer politischen und kulturellen Auseinandersetzungen, miteinander in Einvernehmen zu setzen vermag und muß. Sie ermöglicht den Zugang zu einer Wirklichkeit, die von diesen Auseinandersetzungen unberührt bleibt. Und der Beweis dafür, daß die Wissenschaft auch wirklich Zugang zu dieser Wirklichkeit hat, ist die Tatsache, daß die Wissenschaftler dazu in der Lage sind, sich untereinander zu einigen, ihre Meinungsverschiedenheiten zu überwinden, das anzuerkennen, was ihnen die Wirklichkeit diktiert, die sie analysieren.

Lassen wir es dabei bewenden. Der Leser und die Leserin werden verstanden haben, daß es sich um eine Karikatur handelt. Die Karikatur eines Bildes von wissenschaftlicher Praxis, das es hinter sich zu lassen gilt. Allerdings ist es keine gewöhnliche Karikatur, denn derjenige, der eine Karikatur betrachtet, weiß in der Regel, welche Freiheit sich der Künstler in bezug auf seinen Gegenstand herausgenommen hat, welche Züge übertrieben sind, welche Verzeichnungen vorgenommen wurden. In unserem Fall jedoch resultiert die karikierende Wirkung weniger aus einer Überbetonung oder Deformierung als vielmehr aus der mangelnden sprachlichen Zurückhaltung sowie der offensichtlichen Trivialität der geäußerten Gedanken. Aber es ist nicht ausgeschlossen, daß sich genau solche Gedanken in sehr profunden wissenschaftlichen Arbeiten, in Äußerungen von Experten oder sogar, was noch bedenklicher ist, in den Ausführungen von Lehrenden wiederfinden.

In dem Augenblick, in dem ich die Situation karikiere, begebe ich mich auf gefährliches Terrain. Ich höre schon die Einwände. Wenn die Wissenschaften nicht objektiver sind als jedes beliebige andere menschliche Unternehmen, muß man dann nicht zu der Auffassung gelangen, daß das Gesetz der Schwerkraft nichts als ein einfacher »Glaube« ist? Muß man nicht darüber hinaus zu der Überzeugung kommen, daß es zu der Entstehung dieses Glaubens in einem bestimmten historischen Augenblick kam, so daß er folglich genauso vergehen wird wie jeder andere Glaube auch? Wenn die Wissenschaftler dazu imstande sein sollten, sich untereinander zu einigen, ohne Zugang zu einer Wirklichkeit zu haben, die ihnen dieses Einverständnis ermöglicht, muß man dann daraus folgern, daß sie Betrüger sind, die sich untereinander absprechen, um uns auf diese Weise besser ihre unrechtmäßige Herrschaft aufzuzwingen? Ist die Erde denn nicht »tatsächlich« ein Planet? Haben die in der Tradition von Pasteur stehenden Biologen etwa nicht unzählige Menschenleben gerettet, weil sie die Funktionsweisen und Übertragungswege von Bakterien entdeckt haben? Und ist die Bombe von Hiroshima nicht der Beleg dafür, daß die Physiker »tatsächlich« die Atome und ihre Kerne entdeckt haben?

Sicher hätte ich sehr viel weniger Schwierigkeiten, wenn ich eine vorsichtige Position vertreten würde. Ich könnte zum Beispiel sagen, daß es »echte« Wissenschaften – wie die Physik, die Chemie, die Biologie – und »falsche« Wissenschaften – was vor allem für die Ökonomie zutrifft – gibt. Und tatsächlich bin ich auch dieser Meinung (3. B). Sobald die sogenannten »Gesetze des Marktes« auch nur ansatzweise für sich in Anspruch nehmen, mit dem auf eine Stufe gestellt zu werden, was die Physiker als »Gesetz« bezeichnen, müßte man sie als eine der erbärmlichsten intellektuellen Betrügereien unseres Zeitalters bezeichnen. Jeder »seriöse« Ökonom würde dem im übrigen sofort beipflichten. Allerdings gehen diese seriösen Ökonomen auch nicht besonders aktiv gegen diejenigen vor, die unter Berufung auf sie eine vollkommen ungerechtfertigte Macht ausüben. Vielleicht liegt das daran, daß, je seriöser ein Ökonom ist, er sich um so weniger vorstellen kann, was sein Fachgebiet überhaupt an Interessantem und Wesentlichem für die Gesellschaft bereithält.

Trotzdem ist diese vorsichtige Position unangebracht, weil sie den künstlichen Gegensatz zwischen den (»echten«) Wissenschaften und der »Gesellschaft« unangetastet läßt. Und darüber hinaus paßt sie mir auch als Philosophin nicht, denn Philosophie ist natürlich keine Wissenschaft, sie kann weder mit »Fakten« noch mit »Beweisen« aufwarten; und die Funktion der Argumente, die die Philosophen entwickeln, besteht darin, zum Denken anzuregen, nicht aber darin, Beweise zu erbringen. Wie sollte man eine Konstruktion akzeptieren können, die einen Gegensatz herstellt zwischen den »echten Wissenschaften« auf der einen Seite und dem ganzen Rest auf der anderen Seite, wofür man mehr oder weniger offen lediglich Verachtung hegt?

Dem Leser wird vielleicht nicht entgangen sein, daß ich mich bei der Beschreibung dessen, was die Wissenschaft nicht ist, ausschließlich negativer Gegensätze bedient habe. Mit Ausdrücken wie Vorurteile, Wünsche, Illusionen, die ich der Objektivität und Neutralität entgegengestellt habe, werden Menschen beschrieben, die nicht oder nur sehr wenig nachdenken. Bestenfalls geben sie mehr oder weniger persönlichen Gemütsverfassungen Nahrung. Schlimmstenfalls sind sie das, was die Menschen daran hindert, sich zu verstehen, das, was sie entzweit. Sie sind ein Schleier und tragen nichts Positives zum Wissen bei. Wie läßt sich, akzeptiert man eine derartige Beschreibung und Kategorisierung, überhaupt in demokratischen Begriffen denken? Wie sollte man unter derartigen Voraussetzungen nicht beschämenderweise von einer Entwicklung träumen, bei der die »wirklich ernsthaften« Probleme mehr und mehr Gegenstand des »objektiven« Wissens wären, wohingegen »Geschmacksfragen« und Nuancen in die Zuständigkeit demokratischer Diskussionen fielen?

Und vielleicht wird der Leser ja auch bemerkt haben, daß ich bei der Beschreibung der wissenschaftlichen Praxis der »Wirklichkeit« die Macht zuerkannt habe, Einverständnis zwischen den Menschen herzustellen. Voraussetzung dafür ist natürlich, daß sie ihre Vorurteile überwinden. Wie soll man unter diesen Bedingungen die Kontroversen verstehen, die zum wissenschaftlichen Tagesgeschäft gehören? Soll man also annehmen, daß, wenn sich Wissenschaftler nicht einigen können, die eine Seite betrügt oder Opfer ihrer Vorurteile ist? Und wie soll man den Unterschied zwischen den »fruchtbaren« Wissenschaften einerseits, d. h. jenen Wissenschaften, denen wir den Planeten Erde, Bakterien und Atome zu verdanken haben, und den anderen begreifen? Ist es vorstellbar, daß beispielsweise die Ökonomen immer noch Gefangene ihrer Vorurteile sind? Und in welchem Stadium verliert die »Wirklichkeit« die Macht, Einverständnis zwischen denjenigen herzustellen, die sie an Hand objektiver Kriterien erforschen?

Kurz gesagt, die Art und Weise, in der die wissenschaftliche Praxis heute dazu neigt, sich in der Weise darzustellen, als sei sie auf *die* Wissenschaft zurückzuführen, bringt Probleme mit sich. So enthält sie ein politisches Problem, weil sich Wissenschaft in ihrem Selbstverständnis ausdrücklich gegen Meinung abhebt. Deshalb qualifiziert sie diese im abwertenden Sinne als unzuverlässig, beeinflußbar, willkürlich ab. Als irrational, um das Kind beim Namen zu nennen. Und demzufolge als unwürdig, legitime Diskussions- und Entscheidungsinstanz zu sein. Darüber hinaus enthält sie ein Problem hinsichtlich dessen, was sie zu sein vorgibt: wissenschaftliche Praxis. Daher bleibt gerade das völlig unverständlich, wofür sich auch die Wissenschaftler in allererster Linie interessieren: nicht entschiedene Fragen, die Entdeckung neuer Wege, neuer Risiken, neuer Argumente. Die genannte Darstellungsweise macht jedoch aus den Wissenschaften kalte Disziplinen, denen es vollkommen an Leidenschaft mangelt. Demgegenüber weiß jeder, der einen Forscher oder eine Forscherin kennt, ganz genau, daß nichts weniger »neutral« ist als seine bzw. ihre Einstellung zum eigenen Forschungsgegenstand.

Demnach muß man den Schauplatz wechseln. Man muß das Vorhaben aufgeben, die wissenschaftliche Praxis ausgehend von *der* Wissenschaft festzulegen. Von dieser weiß niemand, was sie ist, man weiß lediglich, wozu sie dient: den Nichtwissenschaftlern zu sagen, daß das, was sie wissen, durchsetzt ist mit Vorurteilen, Illusionen und Leidenschaften. Diese hindern sie daran, Zugang zu einer Wirklichkeit zu finden, die Einverständnis schaffen könnte.

B. Auf der Suche nach einem Kriterium

Vielleicht ist alles ein wenig zu schnell gegangen. Seit Jahrzehnten haben die Wissenschaftsphilosophen versucht, ein »Abgrenzungskriterium« zu definieren, mit dessen Hilfe es möglich ist zu entscheiden, ob ein Verfahren als wissenschaftlich zu bezeichnen ist oder nicht. Ließe sich so nicht vielleicht ein Weg, eine Definition von Wissenschaft finden, die deutlich macht, was diese ist und worin ihre Kraft besteht, ohne sich des verächtlichen Gegensatzes zur »Nichtwissenschaft« zu bedienen? Bedauerlicherweise muß man feststellen, das keines der bisher (vor allem von amerikanischen Philosophen) formulierten Kriterien wirklich einwandfrei funktioniert. Entweder ist das Kriterium zu weit oder aber zu eng gefaßt.

Wenn das Kriterium etwa zur Folge hat, das in die Wissenschaften zu integrieren, was die Philosophen für »Pseudowissenschaften« halten, die Parapsychologie oder das »Zweite Gesicht« zum Beispiel, dann wird man denken, das Kriterium sei zu weit gefaßt. Das mag diejenigen aufbringen, die der Meinung sind, es handele sich hierbei um seriöse Fachgebiete. Man darf aber nicht vergessen, daß ein Kriterium ein vom Menschen geschaffenes Unterscheidungsinstrument ist, kein Urteil, das vom Himmel fällt. Wenn das Instrument nicht das leistet, wozu es geschaffen wurde – wenn der Philosoph zwangsläufig zu dem Schluß kommt, daß, falls die Wissenschaften definitionsgemäß Schlußfolgerungen nur auf der Grundlage von untersuchten Fakten anstellen, er große Probleme hat, das auszuschließen, was er für »Pseudowissenschaft« hält –, wechselt man das Instrument. In unserem Beispiel will der Philosoph zum Ausdruck bringen, daß die von den Parapsychologen dargelegten »Fakten«, die sich, genauso übrigens wie die zutreffenden Weissagungen von Hellsehern, allem Anschein nach nur mit Hilfe »paranormaler« Faktoren erklären lassen, nichts beweisen. Unabhängig davon, was man über die in dieser Weise abqualifizierten Fachgebiete denken mag, deuten sie auf ein echtes Problem hin: Liest man einmal Umberto Ecos *Das Foucaultsche Pendel*, dann kann man sehen, was sich mit »Fakten« anstellen läßt, die etwas zu beweisen scheinen. Auf der Grundlage eines geheimnisvollen, offensichtlich verschlüsselten Textes aus dem Mittelalter sammeln Ecos Forscher »Fakten«, die die Existenz einer geheimnisvollen und sehr mächtigen Sekte zu beweisen scheinen. Am Ende der Geschichte haben sie begriffen, daß der Text (zweifellos) nichts anderes war als eine Einkaufsliste. Andere jedoch haben ihn ernst genommen, so daß es die Sekte von da an tatsächlich gibt ...

Um das Feld dessen zu begrenzen, was als Wissenschaft gelten darf, hat der Philosoph Karl Popper (der zunächst weder die Parapsychologie noch das Zweite Gesicht ausschließen wollte, sondern den Marxismus und die Psychoanalyse) behauptet, daß eine echte Wissenschaft die Fakten nicht benutzen sollte, um ihre Hypothesen zu bestätigen, sondern um sie zu widerlegen. Tatsächlich ist es so, daß unabhängig von der Anzahl der »positiven« Fälle, die eine wissenschaftliche Aussage bestätigen, niemals auszuschließen ist, daß irgendwann doch einmal ein negativer Fall eintritt. Der Wissenschaftler muß also den umgekehrten Weg einschlagen und seine Hypothese hinterfragen. Er muß demnach herausfinden, in welchen Situationen sie sehr genaue Hinweise auf das zuläßt, was geschehen müßte, um sodann die Prognosen mit dem zu vergleichen, was geschieht. Wenn er das Verdikt des Experiments akzeptiert, wird er folgendes »gelernt« haben: Entweder seine Hypothese hat standgehalten (womit sie allerdings nicht bewiesen ist), oder seine Fehleinschätzung stößt ihn auf neue Fragestellungen, konfrontiert ihn mit einem neuen Problem. Der Wissenschaftler lernt demnach um so mehr, je mehr Situationen er zu erzeugen in der Lage ist, die seine Theorie hinterfragen. Auf diese Weise macht Popper aus den Wissenschaftlern »Helden«, die nicht etwa die Theorie stärken, die ihnen am Herzen liegt, sondern ständig bemüht sind, sie systematisch ins Wanken zu bringen. Damit kann man die Astrologen und Hellseher ausschließen. Unglücklicherweise sind aber nicht nur sie betroffen. Mit anderen Worten, Poppers Kriterium ist nicht zu weit, sondern viel zu eng gefaßt.

In der Geschichte beispielsweise der Physik und der Chemie gibt es tatsächlich zahlreiche Fälle, in denen Wissenschaftler ihre Hypothese oder Theorie aufrechterhalten haben, obwohl es keiner besonders großen Mühe bedurft hätte, um auf einen neuen Sachverhalt zu stoßen, bei dem ein Widerspruch zwischen einer Prognose, ihrer Theorie und einem Faktum zutage tritt. Ihnen waren schon zuvor bestimmte »Fakten« bekannt, die ihren Prognosen widersprachen. Sie haben sich jedoch auf die Möglichkeit verlassen, daß man in Zukunft imstande sein würde, diese Fakten anders zu bewerten und damit den Widerspruch auszuräumen. Und oft hatten sie damit auch recht. Imre Lakatos, ein Schüler von Popper, hat sogar einmal geschrieben, daß jede innovative Theorie bei ihrer Entstehung von zahlreichen Fakten »widerlegt« wird. Folglich muß man sie nähren wie einen Säugling, sie vor der grausamen Welt in Schutz nehmen. Würden die Wissenschaftler ihre neuen Theorien nicht beschützen, wäre nicht einer einzigen wissenschaftlichen Theorie eine genügend lange Lebenszeit beschieden gewesen, um ihre Fruchtbarkeit unter Beweis zu stellen. Folglich gäbe es keine Wissenschaftsgeschichte, lediglich einen »Friedhof«, auf dem Vorschläge begraben lägen, die gestorben sind, bevor wir durch sie irgend etwas gelernt haben. Aus diesem Grund kann ein Wissenschaftler Poppers Kriterium nicht erfüllen. Er muß das Risiko eingehen, sich zwischen einer »tatsächlichen« und einer Widerlegung zu entscheiden, die die Aussicht darauf bestehen läßt, »daß es in Zukunft schon noch wird«. Zudem war kein Wissenschaftsphilosoph je dazu imstande, ein Kriterium für die »richtige Entscheidung« zu definieren.

Aber Poppers Kriterium ist noch unter einem anderen Gesichtspunkt zu eng gefaßt. Es läßt Wissenschaften außen vor, in denen es keine Sachverhalte gibt, die einen Vergleich zwischen denkbaren Prognosen und dem, was tatsächlich eintritt, erlauben. Stellen wir uns eine Theorie vor, die das Ergebnis einer Gesellschaftswissenschaft ist, und, schlimmer noch, stellen wir uns zudem einen Historiker vor. Im ersten Fall sind die Sachlagen immer derartig komplex, daß, wenn die Prognose nicht zutrifft, trotzdem nicht von einem Widerspruch die Rede sein kann. Es spielen so viele Faktoren eine Rolle, daß niemand vernünftigerweise vom Experten verlangen kann, seine Theorie zu verwerfen. Was den Historiker betrifft: Er kann schlichtweg deshalb nichts prognostizieren, weil er sich mit der Vergangenheit und, was noch wichtiger ist, mit Ereignissen beschäftigt, die einmal passiert sind, ohne sich jemals zu wiederholen. Die einzige »Geschichte«, die es tatsächlich erlaubt, gleichzeitig die Vergangenheit zu rekonstruieren und die Zukunft vorherzusagen, ist die Geschichte des Himmels, mit deren Entschlüsselung sich die Astronomen befassen. Und insofern ist es überhaupt nicht weiter erstaunlich, daß die Astronomie eine der ältesten menschlichen Wissensformen darstellt. Ganz allgemein kann man feststellen, daß es nur einen einzigen Ort gibt, an dem sich Theorie und Fakten einander gegenüberstellen lassen: das Labor. Denn im Labor beschränken sich die Wissenschaftler nicht nur darauf, zu untersuchen und zu beschreiben. Ihre Theorien zeigen ihnen, welche Situationen sie herstellen müssen, damit sie – vorausgesetzt, die Theorie ist zutreffend – bestimmte Ergebnisse erhalten (2. A). Und in diesem Fall können sie auch zu dem Schluß kommen: »Es funktioniert nicht so, wie es funktionieren sollte. Was tun?« Womit wir wieder mit der Frage nach der Entscheidung konfrontiert sind: Soll man das Verdikt der Fakten akzeptieren oder nicht?

Würden wir uns also der Meinung Poppers anschließen, müßten wir zu dem Schluß kommen, daß man – selbst wenn wir der Frage nach der Entscheidung einstweilen keine allzu große Aufmerksamkeit schenken – nur dann von Wissenschaft sprechen kann, wenn ihre Ergebnisse im Labor überprüfbar sind oder wenn sie sich, wie die Astronomie, mit ausgesprochen einfachen und leicht reproduzierbaren Phänomenen beschäftigt. In diesem Fall jedoch erweist sich das Abgrenzungskriterium als ziemlich überflüssig. Es läßt nur diejenigen Wissenschaften auch als solche gelten, bei denen sowieso niemand irgendwelche Zweifel hegt.

Dennoch kann man eines von Popper, oder genauer gesagt, von Poppers Irrtum lernen. Wir haben uns angewöhnt, »Wissenschaft« und »Theorieproduktion« miteinander zu verknüpfen. Aber welche Beziehung besteht eigentlich zwischen einer im Labor entwickelten Theorie – bei der es beispielsweise um das Verhalten eines Elektrons in einem elektromagnetischen Feld geht –, einer gesellschaftswissenschaftlichen und einer Geschichtstheorie? Ist es nicht merkwürdig, daß wir in allen Fällen denselben Begriff benutzen, obwohl doch lediglich die »Theorie des Elektrons« von den Fakten widerlegt werden könnte? Dieselbe Frage stellt sich, wenn wir von »unterliegen« reden – was sehr oft der Fall ist, wenn es um Theorien geht (3. C; 4. B). Meinen wir jeweils dasselbe, wenn wir davon reden, daß das Verhalten des Elektrons »tatsächlich der Theorie unterliegt«, daß die Gesellschaften »bestimmten Regeln unterliegen« oder die Geschichte »einem Gesetz unterliegt«?

C. Gegensätze

Ich sprach davon, daß ich den Schauplatz wechseln, mich nicht mehr auf *die* Wissenschaft beziehen wollte. Aber dennoch sind wir einen Schritt weiter gekommen. Wenn es *die* Wissenschaft nicht gibt, dann liegt das in erster Linie sicher daran, daß sich die wissenschaftliche Praxis mit verschiedenen Formen von Wirklichkeit beschäftigt, die jeweils vollkommen unterschiedliche Probleme aufwerfen. Und zweifellos besteht eine der größten Gefahren von Wissenschaft darin, daß sie uns die Unterschiede vergessen läßt, daß sie uns von einer Zukunft träumen läßt – Traum oder Alptraum? –, in der wir das menschliche Gehirn genauso gut kennen wie ein Elektron. In dieser Zukunft wüßte man also gleichermaßen, welchen Gesetzen das menschliche Verhalten und welchen Gesetzen dasjenige eines Elektrons »unterliegt«. Demnach könnte man einen Unterschied machen zwischen »subjektiver Unterwerfung« – ich unterwerfe mich meinen Gewohnheiten, denjenigen, die ich als Führer akzeptiere und selbst demjenigen, der mit Bestimmtheit etwas zu mir sagt, bzw. der mir schmeichelt – und »echter, objektiver Unterwerfung«, die sich mittels Begriffen aus dem Bereich neuronaler Interaktion oder hormoneller Aktivität Ausdruck verschafft. Eine Zukunft, in der man schließlich über eine »objektive« Kenntnis der Gesellschaften verfügen würde. Auf deren Grundlage wären kluge Definitionen und Maßnahmen möglich, die zudem eine Vorausbestimmung wie auch eine Abschätzung von Konsequenzen bedingen, welche sich aus den in einer bestimmten Situation denkbaren Entscheidungen ergeben.

Befindet man sich in einem Labor, dann ist es nicht besonders schwierig, »objektiv« zu sein (2. C). In jedem Fall wurden sämtliche dort befindlichen Geräte, Anlagen und Instrumente nur entwickelt – wobei die Frage, wie diese Entwicklung möglich war, ein gesondertes Problem darstellt –, damit jede Messung nur eine einzige Interpretationsmöglichkeit zuläßt. Sobald sich Zweifel einstellen, haben die Forscher viel Arbeit vor sich: Ihr ganzer Scharfsinn, ihr gesamtes Wissen werden darauf verwendet, sich eine neue Konstellation auszudenken, mit deren Hilfe der Unterschied zwischen den möglichen Interpretationen zu erklären ist. Dann müssen sie diese Konstellation im Labor herstellen und somit eventuell eine Entscheidung treffen, die zuvor nicht zu treffen war. Alle Laborinstrumente, die es gibt, haben eine solche Vorgeschichte gehabt. Sie galten erst dann als Instrumente, wenn die Forscher bestätigen konnten, daß sie »vertrauenswürdig« waren, d. h. daß sämtliche mit Hilfe von Instrumenten gewonnenen Werte nur eine einzige Interpretation zuließen: Auf diese Weise weiß man, was man mißt.

Stellen wir uns aber jetzt ein Büro vor, in dem sich Statistiken stapeln, und nehmen wir, um die Sache ein wenig zu vereinfachen, an, daß diese Statistiken zuverlässig sind. Das Problem beginnt damit, daß nicht klar ist, was sie bedeuten und wie sie zu interpretieren sind. Die Arbeitslosenrate ist sehr hoch. Was bedeutet das? Für diejenigen, die keinen Arbeitsplatz haben, bedeutet es etwas sehr Konkretes: Desorientierung, das Gefühl einer verbauten Zukunft, Verzweiflung oder Empörung, Zynismus oder Schuldgefühl. Oder das alles zusammen. Die Zahlen sagen das nicht aus, sie sind »objektiv«. Hier jedoch bedeutet die Objektivität der Zahlen nicht, so wie es im Labor der Fall war, daß man wüßte, wie sie zu interpretieren sind. Was ist das eigentlich für ein »Phänomen«, die Arbeitslosigkeit? Was sind ihre Ursachen? Wie läßt sie sich beeinflussen? Was »kostet« sie die Gesellschaft? Kann man die Kosten allein auf der Grundlage des Arbeitslosengeldes berechnen? Oder muß man die daraus resultierenden Verluste für das Renten- und Sozialsystem mit hinzurechnen? Gehört auch die Schließung von Unternehmen als Folge des sinkenden privaten Verbrauchs zu diesen Kosten? Jede dieser Theorien »definiert« Arbeitslosigkeit und liefert mehr oder weniger interessante Argumente für mögliche Gegenmaßnahmen. Es gibt sogar Wirtschaftsmodelle, die »so tun, als ob« es unter normalen Umständen überhaupt keine Arbeitslosigkeit geben dürfte: Auf dem Markt der Waren und Dienstleistungen müßte ein Arbeiter immer eine Beschäftigung finden können; er braucht nur den Preis für seine Arbeitsleistung zu senken. Unter Berufung auf diese Modelle schlagen die Theoretiker vor, das Arbeitslosengeld zu senken oder völlig zu streichen, weil es ganz »objektiv« für die Tatsache verantwortlich ist, daß es Arbeitslose gibt. Kurz gesagt, im vorliegenden Fall bedeutet Objektivität keineswegs, daß es gelungen ist, eine Sachlage herzustellen, die nur eine einzige Interpretation zuläßt. Man hat sich lediglich eines einzigen Elements einer komplexen Situation bedient, mit dessen Hilfe eine vorgeblich »objektive« Beweisführung möglich ist, wobei man alles andere unberücksichtigt läßt.

Jetzt wollen wir uns in eine Bibliothek begeben, in der

ein mehr oder weniger seriöser Historiker eine Geschichtstheorie ausbrütet. Gibt es vielleicht jenseits der mehr oder weniger anekdotischen Folge von Ereignissen einen verborgenen »roten Faden«, der die Voraussetzungen dafür schafft, den Lauf der menschlichen Angelegenheiten wenn schon nicht vorherzusagen, so doch zumindest zu verstehen? Gibt es große Gesetzmäßigkeiten, Schwankungen, Machtkonzentrationen? Sicher haben alle Krisen ein (manchmal katastrophales) Ende. Kann man aber überhaupt mehr sagen? Kann man die Krisen im Zusammenhang mit einer Logik der Geschichte sehen? Verstehen, warum sie so und nicht anders beendet wurden? Auch unser Historiker hält sich für »objektiv«, er möchte über die unsicheren Ereignisse hinausgehen, sich von den Urteilen subjektiver Werte, den Absichten der historischen Figuren, die nicht wußten, was sie taten, lösen. Und trotzdem werden alle diejenigen, die ihn kritisieren, leichtes Spiel dabei haben, ihm nachzuweisen, daß es eine Beziehung gibt zwischen dem, was er denkt, hofft (optimistische Theorie) oder fürchtet (pessimistische Theorie) einerseits, und dem, was er beschreibt, wogegen er kämpft und wofür er eintritt andererseits. Darüber hinaus lachen sich alle Skeptiker ins Fäustchen und weisen darauf hin, daß es erstens Tausende von Interpretationsmöglichkeiten von Geschichte gibt und zweitens Geschichte sich nie wiederholt, um die zentrale These desjenigen zu belegen, der sie analysiert. Kritiker, Spötter und Skeptiker haben zwar recht, aber eben doch nicht uneingeschränkt. Denn die Art und Weise, in der unser Historiker Geschichte denkt, eignet sich durchaus dazu, Neues ans Licht zu bringen, Verbindungen herzustellen, die bislang nicht ernstgenommen wurden, Blickwinkel zu ermöglichen, an die man nicht gedacht, Probleme aufzuwerfen, die man nicht gesehen hatte. Kurz gesagt, eine reichere, noch komplexere Vergangenheit. Nicht »objektiver« vielleicht, aber mit Sicherheit interessanter. Mit anderen Worten, die auf die Gegenwart bezogenen Hoffnungen, Ängste und Kämpfe sind im Hinblick auf das Ideal der Neutralität sicher als Manko anzusehen, sie bedingen aber nicht notwendigerweise schwerwiegende Verzerrungen. Sie können sogar zu originellen Fragestellungen anregen, zu Trägern von unerwartet scharfsinnigen Problemlösungen werden.

Ich verabschiede mich also von *der* Wissenschaft, spreche nicht mehr davon. »Objektivität« an sich und Neutralität erklären nicht besonders viel, eigentlich überhaupt nichts. Vielmehr muß an jede einzelne wissenschaftliche Praxis die Frage gerichtet werden, was es für sie bedeutet, »objektiv« zu sein, d. h. welches die anerkannten Argumente sind, was als »Beweis« und was als »Fakt« gilt. Uns Nichtwissenschaftlern obliegt es, bestimmten Praktiken Respekt entgegenzubringen, andere zu fürchten, über wieder andere zu spotten. Auf gar keinen Fall aber sollten wir blind das gängige autoritative Argument akzeptieren: »Die Menschen glauben daß . . ., aber die Wissenschaft beweist, daß . . .«

Und trotzdem muß ich mich im Augenblick meines Abschieds von *der* Wissenschaft mit einem letzten Einwand auseinandersetzen (2. A). So manche Wissenschaften haben den Beweis dafür erbracht, daß das, was die »Leute« dachten, falsch war. Zum Beispiel haben sie nachgewiesen, daß die Erde sich um die eigene Achse dreht, anstatt stillzustehen, daß das Wasser, das seit den Griechen als ein einziges Element galt, in Wahrheit eine Verbindung aus Wasserstoff und Sauerstoff ist oder daß kein großer Unterschied besteht zwischen dem »Genom« (das, was die Eltern nicht an ihre Kinder weitergeben – sie geben ganz andere Dinge an sie weiter –, sondern an das befruchtete Ei, aus dem sich ihr Kind entwickelt) eines Belgiers, Zentralafrikaners oder Japaners.

Erinnern wir uns aber an den Historiker zurück, von dem ich sagte, daß durch seine Arbeit unsere Vergangenheit reicher und komplexer wird, weil er unser Bild von ihr um neue Gesichtspunkte, neue Probleme erweitert hat. Sind die Konstellationen wirklich so wenig miteinander vergleichbar? Wenn wir Wasser trinken, dann brauchen wir nicht daran zu denken, daß es aus Wasserstoff und Sauerstoff besteht: Es ist einfach nur Wasser, das unser Körper und die Pflanzen genauso benötigen wie der Chemiker, wenn er einen Stoff auflöst, um eine Reaktion hervorzurufen. Das Wasser als Verbindung aus den beiden Elementen Wasserstoff und Sauerstoff ist im Zusammenhang mit anderen Fragen, anderen Verfahren wichtig, die von den Chemikern Ende des 18. Jahrhunderts entwickelt wurden. Es ergänzt dasjenige Wasser, das die Menschen benötigen, ersetzt es aber nicht. Es kompliziert das, was wir sagen, wenn wir »Wasser« sagen: man muß wissen, wer in welcher Situation spricht. Dasselbe gilt für die Frage der stillstehenden oder sich drehenden Erde. Wir sagen immer noch, »die Sonne geht auf« – selbst die Astronomen tun dies –, denn in bezug auf die meisten irdischen Fragen und Probleme spielt es keine Rolle, daß sich die Erde dreht. Und wenn ein hartnäckiger Kampf geführt werden mußte, bis endlich anerkannt wurde, daß sich die Erde dreht, so war es doch kein Kampf gegen die »Meinung der Leute«, sondern ein Kampf unter Astronomen und mit der Kirche. Das heißt, es war ein Kampf unter Autoritäten um die Art und Weise, wie man sowohl die astronomischen Fakten als auch die Bibel zu interpretieren hat. Was das menschliche Genom betrifft, so kam der Nachweis dafür, daß es keinen Unterschied zwischen den »Rassen« begründet, gerade zur rechten Zeit, um den Kampf gegen diejenigen aufzunehmen, die den Rassismus mit Hilfe der Biologie begründen wollten. Aber es gibt nun einmal keine Wunder, und weiter kann die Biologie nicht gehen; wir können nicht von ihr verlangen, daß sie das einzige Problem löst, das den »Leuten« wirklich nahegeht: Wie können Menschen unterschiedlicher Kultur und Sprache in Frieden zusammenleben?

Wenn man also sagt: »die und die Wissenschaft erbringt den Nachweis dafür, daß ...«, dann muß darauf unmittelbar die Frage folgen: welches Problem klärt dieser »Beweis«? Interessiert uns dieses Problem? Vereinfacht oder kompliziert es unsere eigenen Fragen, zwingt es uns, sie anders zu formulieren oder neue Wege einzuschlagen? Im übrigen gehen Wissenschaftler in genau dieser Art und Weise miteinander um (4. C). Ein Biologe würde zu einem Chemiker sagen: »Gut, vielleicht hast du recht, aber was ändert sich dadurch für mich?« Die Antwort auf seine Frage verfolgt er sehr gespannt und mit seinem ganzen kritischen Verstand. Er weiß genau, daß es keine Antwort gibt, die unabhängig von der gestellten Frage ist. Er glaubt nicht an eine wie auch immer geartete »Autorität« von Wissenschaft, die ihm sagen würde, was ein »gutes Problem« ist, aber er weiß, daß das Problem, das es für ihn zu lösen gilt, durch die Antworten, die einige seiner Kollegen auf ihre je eigenen Fragestellungen geben, modifiziert, bereichert oder kompliziert werden kann.

D. Wissenschaftliche, technische und gesellschaftliche Probleme

Stellen wir uns ein Problem vor, das ich ganz allgemein deshalb als »gesellschaftliches« bezeichnen würde, weil Bürger ihre Meinung hierzu kundtun können: Soll an einer bestimmten Stelle eine Brücke gebaut werden oder nicht? In diesem Fall scheint der Unterschied zwischen dem »Zweck« und den »Mitteln« vollkommen klar. Schon seit langem sind Ingenieure dazu imstande, absolut zuverlässige Brücken zu bauen. Ihr Wissen umfaßt Kenntnisse aus verschiedenen Bereichen: aus der Wissenschaft (Physik, Geologie, Chemie usw.), der Technik, der Mathematik usw. In bezug auf die anfallende Entscheidung unterliegt der Ingenieur keinerlei

Zwängen. Die einzige Frage, bei der sich der Zweck und die Mittel kreuzen, ist diejenige der Kosten. Die Ingenieure unterliegen hinsichtlich der zu verbauenden Materialien, der Tiefe der Fundamente usw. bestimmten Normen. Falls sie zum Zwecke der Kostensenkung gegen diese Normen verstoßen sollten, können sie dafür juristisch belangt werden. Was die Entscheidung zum Brückenbau betrifft, so fließen hierin u.a. die Prognosen über das zu erwartende Verkehrsaufkommen mit ein sowie die Abwägung der Nachteile, die den Anwohnern entstehen, der Prioritätenkatalog bei der Verwendung öffentlicher Mittel usw. Lediglich der Entscheidungsprozeß selbst – insbesondere die Frage, ob es sich um einen reinen Verwaltungsakt handelt oder ob öffentliche Beschlüsse mit einbezogen werden – ist strittig. Die Trennungslinie zwischen dem wissenschaftlich-technischen Problem einerseits und dem politischen Problem andererseits scheint vollkommen klar.

Nehmen wir ein anderes Problem: Soll an einem bestimmten Fluß ein Staudamm gebaut werden? In diesem Fall stellt sich die Situation schon sehr viel komplexer dar, weil der Staudamm in den Fluß selbst eingreift. Damit betreten nun alle Flußspezialisten die Bühne: Es geht um die möglichen Auswirkungen des Staudamms auf den gleichbleibenden Wasserstand des Flusses, das Überschwemmungsrisiko, das Problem der Verschlammung, die Verringerung der Fruchtbarkeit in den flußabwärts gelegenen Gebieten, die ökologischen Probleme in Uferregionen, die Auswirkungen für Landwirtschaft, Fischerei, Klima, Bevölkerungsumsiedlung, die Bewässerungsprobleme, die Folgen für die Verteilung des Landbesitzes und die daraus möglicherweise resultierende Verschärfung sozialer Ungleichheiten, die Produktivitätserhöhung bzw. den Produktivitätsrückgang. Wissenschaftliche Kenntnisse, gesellschaftliche und politische Erwägungen überlagern sich hier. Darüber hinaus gibt es mehrere zeitliche Perspektiven: kurzfristiger

Gewinn, langfristig eine ökologische Katastrophe? Mögen die verschiedenen Kenntnisse auch gesichert sein, so ergibt sich im vorliegenden Fall die Art und Weise, wie jede dieser Kenntnisse zur Geltung kommt, d. h. welche Rangfolge unter ihnen besteht, keineswegs von allein. Die wissenschaftlichen Kenntnisse komplizieren das Problem noch und liefern keine Standardlösungen für die Entscheidungsfindung. Nichts ist klar. Die Berücksichtigung der Verteilung des Landbesitzes bedeutet für die einen, »Politik zu machen«. Für die anderen bedeutet die Nichtberücksichtigung dieser Frage, daß »man Politik macht«. Während die Antwort auf die Frage, was eine Brücke ist, (mehr oder weniger, allerdings nicht immer) klar sein dürfte, ist die Frage, was ein Staudamm ist, vollkommen offen. Die Begriffe, derer man sich bei der Fragestellung bedient, müssen den vielschichtigen Konsequenzen und Risiken, die wir zum Teil noch nicht abzuschätzen vermögen, Rechnung tragen (1. E; 4. A).

Drittes Fallbeispiel. »Was ist eine Droge?« In diesem Fall gibt die Politik die Antwort, das heißt das vom Parlament verabschiedete Gesetz sowie die internationalen und von den betreffenden Ländern unterzeichneten Abkommen. Es gibt sehr gefährliche, aber dennoch legale Drogen wie Alkohol und Tabak. Es gibt verschreibungspflichtige Drogen wie Antidepressiva und andere Psychopharmaka. Es gibt »illegale« Drogen, deren Zusammensetzung äußerst bedenklich sein kann, wie zum Beispiel Crack, oder harmlos, wie zum Beispiel Haschisch. Kein von der Politik unabhängiger Toxikologe käme normalerweise auf den Gedanken, alle verbotenen Drogen in dieselbe Kategorie einzuordnen. Wenn es aber darum geht, für die Beibehaltung der geltenden Gesetzgebung einzutreten, schickt die Politik die »Wissenschaftler« in die vorderste Linie, gerade so als müßte sich die Politik hinter »der Wissenschaft« verstecken.

Dieses letzte Beispiel lohnt eine etwas ausführlichere

Betrachtung, denn zum erstenmal tritt die Frage der Mächte ganz offen in Erscheinung. Natürlich spielte sie eigentlich auch schon im Fall des Staudamms eine Rolle, denn die Antwort auf die Frage, was ein Staudamm ist, hängt von der Herangehensweise an das Problem, der Berücksichtigung bzw. Nichtberücksichtigung bestimmter Folgeerscheinungen sowie der Hinzuziehung entsprechender Experten ab. »Du hast die Macht, Experten zu bestellen, zeige mir also, welche Spezialisten du versammelt hast, und ich sage dir, wie du das Problem anzugehen und wie du es – ›so objektiv wie möglich‹ – zu lösen gedenkst.« Bis hierher bestand kein Anlaß, an den Experten selbst zu zweifeln, ihre Vertrauenswürdigkeit in Frage zu stellen. Mag ihr Wissen auch nur ein partielles gewesen sein, nur einen Teilaspekt der Frage abgedeckt haben, so waren sie deshalb nicht zwangsläufig *parteiisch* (abgesehen natürlich von gekauften und damit bewußt unehrlichen Spezialisten). Im Zusammenhang mit der Drogenpolitik dürfte man es (wahrscheinlich) mit nur wenigen »gekauften« Spezialisten zu tun haben, dafür gibt es sehr viel ungesichertes Wissen, und man braucht keine große Leuchte zu sein, um das zu erkennen.

»Was ist eine Droge?« Um eine Antwort auf diese Frage zu finden, die den politischen Vorgaben, d. h. insbesondere der Gleichsetzung von »harten« und »weichen« Drogen gerecht wird, auf welche Experten, auf welche Argumente kann man sich da berufen? Auf gar keinen Fall darf man sich an Toxikologen wenden, die sich durch den bedauernswerten Hang auszeichnen, die Gefahren von Haschisch zu unterschätzen. Gefahren im übrigen, die trotz der riesigen Geldmengen, die in die entsprechende Forschung gesteckt wurden, nicht nachgewiesen werden können. Es gibt ein paar Statistiken, derer man sich bedienen kann, wie zum Beispiel jene, aus der hervorgeht, daß die meisten Heroinabhängigen irgendwann einmal mit dem Konsum von Haschisch begonnen haben. Allerdings ist dann tunlichst darauf zu achten, daß man keinen Statistiker zu Rate zieht. Der würde nämlich darlegen, daß die Annahme der Wechselbeziehung, die diese »Einstiegsdrogentheorie« begründet – man beginnt mit dem Konsum einer weichen Droge und nimmt danach immer härtere Drogen –, nicht mehr Beweiskraft besitzt als etwa die Aussage, daß die meisten Heroinsüchtigen irgendwann einmal mit dem Milchtrinken angefangen haben. Und es ist in jedem Fall darauf zu achten, nicht zu genau hinzusehen und Erfahrungen aus anderen Ländern zu Rate zu ziehen, damit die Theorie auch ja nicht ins Wanken gerät. In den Niederlanden nämlich ist nach der Freigabe von Haschisch der Heroinkonsum keineswegs explodiert. Mit anderen Worten, in unserem Fallbeispiel besteht die Voraussetzung für die Schlüssigkeit eines Expertenwissens darin, daß keine anderen Experten hinzugezogen werden. Ein solcher Experte ist demnach automatisch parteiisch – und das ist durchaus als Vorwurf gemeint.

Bis vor wenigen Jahren war es der staatlichen Politik immer gelungen, verläßliche Verbündete aus einer bestimmten Expertengattung zu rekrutieren: die Psychologen. Diese Zeugen der Leiden des »Drogenabhängigen« behaupteten, daß der Konsum jeder beliebigen illegalen Droge immer Ausdruck für ein keinesfalls zu unterschätzendes Leiden sei, für einen Hilferuf, der gehört werden müsse, für den Auflösungsprozeß der sozialen Bindungen, für eine Suche nach einem Bezug und für eine Ablehnung jeglicher Verantwortung, und hiergegen gelte es anzukämpfen. Manche Therapeuten haben die restriktive Gesetzgebung sogar als therapeutische Maßnahme verteidigt. Sie entspräche dem Bedürfnis der Drogenabhängigen, zur Therapie, die sie per Definition nötig haben, gezwungen zu werden.

Selbst wenn diese Therapeuten recht gehabt haben sollten, warf ihr Argument doch ein erhebliches politisches Problem auf. Von seinem Selbstverständnis her müßte ein Gesetz diejenigen, auf die es angewandt wird, immer als

Bürger definieren, nicht als unselbständige Kranke. Es sollte genausowenig im Dienst von therapeutischen Maßnahmen stehen wie therapeutische Maßnahmen im Dienst des Gesetzes (außer in solchen Regimen, die, wie es in der Sowjetunion der Fall war, politische Opposition und Geisteskrankheit in eins setzten). In Wahrheit aber ist es so, daß sich das dramatische Problem, auf einen möglichen therapeutischen Erfolg zu verzichten, weil es entsprechende gesetzliche Vorschriften gibt, gar nicht stellt. Die Beispiele Holland und England belegen, daß die Nachfrage nach Therapieplätzen für Entziehungskuren nicht nachläßt, wenn die Drogenabhängigen über Alternativen verfügen, die ihnen bislang zum Beispiel in Belgien oder Frankreich verwehrt geblieben sind (insbesondere die sogenannten Drogenersatzstoffbehandlungen mit Methadon). Und in dem Maße, in dem die Glaubwürdigkeit des Arguments verlorengeht, daß die Freigabe von Methadon gleichbedeutend mit einer Resignation vor der eigentlichen Sucht sei, wird die Verquickung dieses Expertenarguments mit politischen Interessen offensichtlich. Denn mit wem hatten es die Psychologen in den Ländern zu tun, die eine restriktive Drogengesetzgebung verfolgten? Mit Menschen, die per Gesetz gezwungen wurden, sich selbst entweder als Kriminelle oder als hilfsbedürftige Kranke zu definieren. Wenn sie sich für die Option »Hilfsbedürftigkeit« entschieden – falls man in diesem Zusammenhang überhaupt davon sprechen kann –, mußten sie sich selbst in der Begrifflichkeit der einzigen Form von Not darstellen, die die Psychologen interessiert. Völlig ausgeschlossen, den Preis von Drogen, ihre schlechte Qualität, die »Schwierigkeiten« zu beklagen, die man an solchen Tagen hatte, an denen man sich irgendwie das für den teuren Drogenkonsum nötige Geld besorgte: Die Drogensüchtigen waren gezwungen, sich selbst zu einem psychologischen Fall zu machen. Erst nachdem die »Drogenpolitik« in eine Krise geriet, wurde auch einem anderen Expertenwissen Gehör geschenkt. Dem Wissen der Soziologen zum Beispiel, die die Teufelskreise der Marginalisierung beschreiben. Diese »produzieren« den Drogenabhängigen überhaupt erst, der dann vom Psychologen als Betrüger, Verführer, als unehrlich usw. eingestuft wird. Und schließlich auch dem Wissen der Epidemologen, die beweisen, daß der Anstieg des Konsums durch das Verbot begünstigt wird. Eines der Mittel, um sich das für den eigenen Drogenkonsum notwendige Geld zu beschaffen, besteht ja nun einmal darin, neue Konsumenten zu rekrutieren, d. h. zum »Dealer« zu werden.

Ich komme noch einmal auf dieses dritte Fallbeispiel zurück, weil der Unterschied zwischen der Entscheidung zum »Brückenbau« und einer Entscheidung zur Drogenpolitik nicht nur auf die Qualität der Experten zurückzuführen ist. In Wahrheit resultiert dieser Gegensatz aus dem Problem des Risikos. Wenn die Brücke einstürzt oder der Bau einer Staumauer ungeheure Schäden verursacht, dann läßt sich nur schwerlich bestreiten, daß ein Fehler begangen wurde, so daß konsequenterweise das Wissen und sogar die Kompetenz der Experten bezweifelt werden (wenn auch nicht immer, und nicht bei allen Schäden, die ein Staudamm verursacht). Im Gegensatz hierzu läßt sich im Fall der Drogenproblematik die Richtigkeit des Fachgutachtens und der politischen Entscheidung, die auf der Grundlage des Expertenwissens zustande kam, sehr viel schwerer an Hand von deren Konsequenzen hinterfragen. Die Tatsache, daß die Drogenabhängigen, die dazu aufgefordert worden sind, sich selbst entweder für krank oder für kriminell zu erklären, den Preis für die Entscheidung gezahlt haben, daß sie in der Tat zu Kriminellen, verantwortungslosen Subjekten, Selbstmördern, Dieben, Betrügern usw. geworden sind, hat zu einer Rechtfertigung des Prinzips geführt, daß es keine Alternative zu Entziehungskur und Abstinenz gibt. Anders ausgedrückt, im Falle eines Problems wie der hier angesprochenen Drogenproblematik ist die Auswahl von Fachleuten, die dazu imstande sind, eine These zu diskutieren und zu prüfen, nicht nur eine Entscheidung hinsichtlich dessen, was »geschehen muß« und was vordringlich ist. So ist es zum Beispiel beim Bau eines Staudamms der Fall, wo jedesmal eine Vielzahl unterschiedlichster Interessen aufeinanderprallen. Es handelt sich, bezogen auf die Drogenproblematik, darüber hinaus um eine Entscheidung, die zum Zustandekommen einer Situation beiträgt, bei der die getroffene Entscheidung vollkommen normal bzw. realistisch zu sein scheint. Gleichzeitig – und darauf werde ich zu einem späteren Zeitpunkt noch einmal zurückkommen (4. A) – wird offensichtlich, daß die Qualität der sogenannten »rationalen« Entscheidungen nicht von der Qualität dessen zu trennen ist, was wir als Demokratie bezeichnen. Wenn nämlich die Drogenpolitik so wirken konnte, als handele es sich um rationale, ja sogar ethische Entscheidungen, dann ist das deshalb so, weil die Stimme der Drogenkonsumenten nur dann Gehör fand, wenn sie sich von ihrem bisherigen Leben abgekehrt hatten und somit zu Kronzeugen dafür wurden, daß Gefängnis bzw. Psychiater sie gerettet haben.

E. Wissenschaften und Mächte

Unabhängig davon, ob es um Wissenschaft oder Macht geht, in beiden Fällen ist der Plural von ganz entscheidender Bedeutung. Zwischen Wissenschaften und Mächten besteht eine ganze Reihe von Beziehungen. Einige dieser Beziehungen besitzen fast schon mythischen Charakter: In diese Kategorie gehört das allmächtige Genie, das die absolute Waffe erfindet. Andere bleiben nahezu unbemerkt: In diese Kategorie gehört die Verteilung der Fördermittel für Forschung und Wissenschaft genauso wie die Frage, wer die Prioritäten festlegt und nach welchen Kriterien er dies tut. Andererseits weiß jeder – oder könnte es wissen, wenn er die Tagespresse läse –, daß die Gesprächspartner aus Politik und Verwaltung den Aussagen der Wissenschaftler nicht immer in gleichem Maße Gehör schenken.

Zum Sommerende des Jahres 1996 lieferten einige Zeilen eines in der Zeitschrift *Nature* erschienenen kurzen Artikels den englischen Ministern die Rechtfertigung für ihre Initiative, die im Rahmen des BSE-Skandals verordnete und von ihnen auch gebilligte Zwangsschlachtung von Rindern rückgängig zu machen. In besagtem Artikel hieß es, daß die als »Rinderwahnsinn« bezeichnete Krankheit »möglicherweise« in einigen Jahren von selbst verschwinden werde, ohne notwendigerweise auf derart drastische Maßnahmen wie die geplante Schlachtung der eventuell infizierten Tiere zurückgreifen zu müssen. In diesem Fall haben die politisch Verantwortlichen in England einem Team von Wissenschaftlern eine außergewöhnlich große Macht zugebilligt. Im Fall der Erwärmung der Erdatmosphäre (Treibhauseffekt) sahen sich die Politiker am Ende gezwungen, nicht nur auf eine spezielle Gruppe, sondern auf ein veritables und besorgtes Kollektiv von beunruhigten Wissenschaftlern zu hören. Diese haben sich der Massenmedien bedient, um die Öffentlichkeit aufzurütteln und die Ergebnisse ihrer Prognosen zu verbreiten, bevor es zu spät ist. Konkrete Maßnahmen jedoch gibt es nur sehr wenige: Die mögliche Erwärmung der Erdatmosphäre bietet vor allem Gelegenheit für große Reden und gutgemeinte Absichtserklärungen. Sollte sich unter den gegenwärtigen Bedingungen diese Situation doch noch zum Besseren wenden, dann liegt das vielleicht daran, daß andere Akteure, die über eine erhebliche sozio-ökonomische Macht verfügen, sich am Tanz beteiligen: So ist beispielsweise bekannt, daß große Versicherungsgesellschaften, für die die offensichtliche Zunahme von Natur- und Klimakatastrophen (Wirbelstürme, Überschwemmungen, Dürrekatastrophen usw.) ausgesprochen kostspielig ist, sehr ernsthafte Überlegungen zum viel zitierten Treibhauseffekt anstellen.

Für die größte Kabeljaupopulation, die es je gegeben hat und die den Wohlstand der Fischer an der Atlantikküste von Kanada ausgemacht hat, ist es trotzdem zu spät. Und das, obwohl die Fangquoten für vernünftig galten und nach wissenschaftlichen Kriterien festgelegt worden waren. Die Wissenschaftler jedoch, denen diese Kontrolle oblag, wußten, daß sie möglichst optimistische Hypothesen vorlegen mußten, weil ansonsten diejenigen, deren Aktivitäten sie beschränkten, die Ungenauigkeit ihrer Modelle oder die mangelnde Vertrauenswürdigkeit ihrer Angaben beklagt hätten. Natürlich lag diese relative Ungenauigkeit genauso im Bereich des Normalen, wie sie vorhersehbar war: Hatten es die Wissenschaftler doch mit einer Population zu tun, die aus Millionen von freilebenden Fischen bestand und nicht aus wenigen im Labor zu kontrollierenden Einzelexemplaren. Andererseits war den Wissenschaftlern bewußt, daß sie genauso massiven Vorwürfen ausgesetzt worden wären, hätten sie nicht die Notwendigkeit einer Beschränkung der Fangquoten »nachgewiesen«. Infolgedessen haben sie beschlossen, vorsichtig zu sein, zu vorsichtig, wie sich herausstellen sollte, denn als der Beweis am Ende auf der Hand lag, war er tatsächlich so aussagekräftig, daß alle sich problemlos einigen konnten: die Kabeljaupopulation existierte nicht mehr.

Auch wenn wir von den Wissenschaftlern viel über die Welt und die Risiken erfahren, die wir aufgrund unseres Tuns eingehen, so findet doch nicht alles, was sie uns lehren, in gleichem Maße Beachtung. Nicht selten – und im zitierten Fall stellte sich die Situation genauso dar – können es sich diejenigen, die einer besorgniserregenden Prognose eigentlich ihre Aufmerksamkeit schenken sollten, erlauben, Beweise zu verlangen, die schlichtweg nicht zu erbringen sind. Und die Tatsache, daß es eben »nicht bewiesen« sei, dient ihnen dann als Vorwand, nichts zu tun. Allerdings ist der umgekehrte Fall genauso schwerwiegend. Es kann vorkommen, daß man sich bei der Auseinandersetzung mit einem bestimmten Problemfeld auf wissenschaftliche Kenntnisse beruft, obwohl diese überhaupt nicht darauf anwendbar sind (3. D). So ist es etwa durchaus vorstellbar, daß ein Beweis, der in einer vereinfachten und kontrollierten, d.h. völlig künstlichen Laborsituation erbracht wurde, auch auf Situationen übertragen wird, wie sie außerhalb des Labors herrschen, wo sich also nicht all das ausschließen läßt, was im Labor sorgfältig ausgeschlossen werden konnte und damit für den Beweis keine Rolle spielte (3. A). Es wird einfach für nebensächlich, unbedeutend erklärt, da das Labor der »wissenschaftliche« – und damit vernünftige – Maßstab für die Beantwortung der Frage ist. So sind die modernen agrarwissenschaftlichen Laboratorien dazu imstande, den »Nachweis« dafür zu erbringen, daß eine bestimmte Pflanzenlinie einen höheren Ertrag bringt als eine andere. Nicht berücksichtigt wurde bei diesem Nachweis die Tatsache, daß sie einen ganz bestimmten Dünger oder eine bestimmte Bewässerungsform benötigt und daß in der Dritten Welt lediglich die Großgrundbesitzer dazu in der Lage sind, diese Bedingungen zu erfüllen. Der Laborbeweis hat naturgemäß die sozialen und wirtschaftlichen Ungleichheiten außer acht gelassen. Und trotzdem hat die Aussicht darauf, daß diese sich noch verstärken, daß sich also die armen Bauern noch stärker verschulden und ihren Boden an die Reichen verkaufen müssen, nicht die »Anwendung« besagter wissenschaftlicher Ergebnisse in der Praxis verhindert. Die gesellschaftlichen und wirtschaftlichen Konsequenzen werden in diesem Fall in den Hintergrund gedrängt: später würde schon alles wieder ins rechte Lot kommen, weil der höhere Ernteertrag ja den allgemeinen Wohlstand des Landes vergrößert.

Macht kann die unterschiedlichsten Merkmale aufweisen; im vorliegenden Fall zeichnet sie sich durch die Eigenschaft aus, daß sie es sich vorbehält, welcher wissenschaftlichen Aussage sie Gehör schenkt und welcher nicht. Je nach Interessenlage kann sie entweder fordern, daß ein bestimmtes Wissen ihr völlig unmögliche Beweise liefert, oder daß es im Gegenteil alles das unberücksichtigt läßt, was die Stichhaltigkeit eines Beweises schwächt. Die Tatsache, daß bestimmte Risiken zunächst übersehen und am Ende dann doch noch erkannt wurden, so daß Maßnahmen zur Norm geworden sind, mittels derer diese Risiken vermieden werden können, ist in den seltensten Fällen auf eine wie auch immer geartete »Rationalität von Macht«, sondern meistens auf die Entstehung von Gegenkräften zurückzuführen. Diese machen es erforderlich, daß die Risiken berücksichtigt werden. Die relative Zuverlässigkeit von Autos beispielsweise verdankt sich den von Ralf Nader in den Vereinigten Staaten ins Leben gerufenen Verbraucherinitiativen. Daß unsere Atomkraftwerke nicht genauso gefährlich sind wie die in Osteuropa liegt größtenteils daran, daß sie immer wieder von der Anti-Atomkraftbewegung in Frage gestellt und kritisiert wurden. So waren die Ingenieure geradezu gezwungen, Risiken zu »sehen«, die bis dahin für unwahrscheinlich und damit für unbedeutend gehalten wurden.

An dem Verhältnis zwischen Wissenschaften und Gesellschaften wirken also eine Vielzahl von Mächten mit. Die Macht der Ökologiebewegungen wird eines Tages vielleicht dazu führen, daß bestimmten, »nicht bewiesenen« Risiken Rechnung getragen wird, so daß die Wissenschaftler vielleicht die Möglichkeit erhalten, etwas »unvorsichtiger« vorzugehen. Genau um diese Problematik geht es heute, wenn darüber diskutiert wird, wem die Beweislast im Falle einer technologischen Neuerung oder Weiterentwicklung zufällt: Müssen die Kritiker beweisen, daß ein Risiko besteht, oder müssen nicht eher die an der Entwicklung Beteiligten den Nachweis dafür erbringen, daß kein Risiko besteht? Und interessanterweise erkennen Industrie und Verwaltung gleichermaßen wortreich die Schwierigkeiten an, die es bereitet, Beweise beizubringen: Die Forderung nach einem solchen Beweis, behaupten sie, führe dazu, daß die Neuerung nicht zustande käme und damit der Fortschritt gebremst würde.

Ob nun die Wissenschaften als Ressource dienen (in den Labors werden selbstverständlich Pflanzenlinien mit einem hohen Ertrag entwickelt), ob sie ein Alibi sind (»im Namen der Wissenschaft«) oder dazu beitragen, daß nicht ohne weiteres das vergessen wird, was als lästig empfunden wird (die »Gegenkräfte« rekrutieren Wissenschaftler und kämpfen dafür, daß ihr lästiges Wissen Gehör findet), so bleibt doch die Macht des Beweises immer von entscheidender Bedeutung: Sie haben nicht bewiesen, daß ...! Ihre Beweise sind nicht stichhaltig, weil ...! Ist das zu beweisen? Was würde ein möglicher Beweis kosten, und was würde er enthalten? Muß man so lange warten, bis die Kabeljaupopulation nicht mehr existiert oder die Erwärmung der Erdatmosphäre eine für niemanden mehr zu übersehende Tatsache ist? Wie wir jedoch gesehen haben, muß sich auch die »Macht des Beweises«, auf die die Wissenschaften spezialisiert sind – wenn sie nicht sogar das Monopol hierauf besitzen –, über die unterschiedlichsten Domänen erstrecken. Das Verhalten der verschiedenen Wissenschaften angesichts der Forderung, Beweise zu liefern, ist nicht dasselbe. Jetzt ist es aber an der Zeit, ein wissenschaftliches Laboratorium zu betreten, diese heilige Stätte des wissenschaftlichen Beweises, um ein besseres Verständnis für den Preis, die Bedingungen, die Zwänge und Grenzen der dort fabrizierten Beweise zu gewinnen.

2. Die Macht des Labors

A. Was hat Pasteur eigentlich bewiesen?

Jeder von uns dürfte wohl mittlerweile wissen, daß es Lebewesen gibt, die mit bloßem Auge nicht zu erkennen sind und von denen es überall in der Natur, in unseren Eingeweiden, wo sie bei der Verdauung eine ganz wesentliche Rolle spielen, oder auf jedem Quadratzentimeter unserer Haut nur so wimmelt. Einerseits sind sie die seit Urzeiten im Verborgenen wirkenden Verantwortlichen für die menschliche Fertigkeit, Gärungsprozesse für sich zu nutzen, d. h. beispielsweise für das Backen von Brot oder die Herstellung von Alkohol. Andererseits sind sie die Schuldigen für all jene furchtbaren Katastrophen, von denen die Menschheit von Anbeginn an heimgesucht wurde, d. h. die tödlichen Seuchen, als deren Ursache man lange Zeit ein göttliches Strafgericht vermutet hatte. Seit mehr als einem Jahrhundert hat sich kontinuierlich ein neues Wissen entwickelt, das alte Praktiken mit neuen Techniken verbindet. Dieses neue Wissen zwingt uns zu erkennen, daß die Natur kein harmonisches Ganzes von Lebewesen ist, die wir uns beliebig zu Diensten machen können. Vielmehr ist sie ein Milieu, in dem es vor Leben nur so wimmelt und wo wir mit Lebewesen zusammenleben, die genauso »innovativ« sind wie wir selbst, wenn auch mit ganz anderen Mitteln. Besagte Lebewesen sind dazu imstande, neue Krankheiten hervorzubringen oder resistent gegen Medikamente zu werden, die wir erfunden haben, um uns ihrer zu entledigen. Die Geschichte der menschlichen Gattung einerseits und die der Mikroorganismen, Viren, Bakterien, Einzeller usw.

andererseits ist zwar immer schon miteinander verwoben gewesen. Seit die Menschen aber wissen, was Mikroorganismen sind, wie sie funktionieren, welche Waffen gegen sie einzusetzen sind, bzw. wie sie unschädlich gemacht werden oder nutzbringend eingesetzt werden können, haben diese miteinander verwobenen Geschichten wohl oder übel eine völlig andere Dimension erhalten.

Für das »menschliche Wissen« existieren die Mikroorganismen, seit Pasteur im Jahre 1864 eine Hypothese – jedenfalls nach den Kriterien derjenigen, deren Überzeugung »zählte« (2. C) – widerlegte, die von einer vollkommen anderen unsichtbaren Lebensform ausging: die Hypothese der »Urzeugung«. Hätten sich die Vertreter dieser Hypothese durchgesetzt, würden wir in einer anderen Natur leben, einer Natur, in der Leben entsteht, sobald die Bedingungen entsprechend günstig sind. Mikroorganismen würden sich nicht vermehren, wir bräuchten uns nicht zu fragen, wie Krankheiten übertragen würden. Epidemien entstünden, sobald die Bedingungen hierfür günstig wären. Das Leben wäre nicht vor ungefähr drei Milliarden Jahren auf der Erde entstanden, und alle heute existierenden Lebewesen würden nicht von den Urlebewesen abstammen. Überall entstünde ständig vor unseren Augen neues Leben. Der Sieg Pasteurs über die Vertreter der »Urzeugungshypothese« ist folglich eine Art Angelpunkt. Er legt gleichzeitig Gegenwart, Vergangenheit und Zukunft fest. Die Gegenwart wird festgelegt durch die Argumente, mit denen Pasteur seine Erkenntnisse durchzusetzen vermochte; die Vergangenheit durch die Erdgeschichte, deren Produkt wir sind; die Zukunft durch das Verhältnis, das die Menschen von diesem Zeitpunkt an zu jenen Lebewesen unterhalten, um deren Existenz sie einerseits seit einem bestimmten Datum (1864) wissen und von denen sie andererseits auch wissen, daß es sie schon lange vor der Entstehung des menschlichen Lebens gab.

Uns allen dürfte klar sein, daß die moderne Wissenschaft hierdurch die gesamte Menschheit mit einem vollkommen neuen Bild von Geschichte konfrontiert hat. Das ist auch der Grund dafür, weshalb ich dieses ausgezeichnete Beispiel für die Macht der Wissenschaft ausgewählt habe. Denjenigen, die an der Macht des Labors, der »Objektivität« wissenschaftlicher Fakten zweifeln, wird oft folgendes entgegnet: »Du magst in der Abgeschiedenheit deines Arbeitszimmers noch so kritische oder spöttische Artikel schreiben, in denen du beispielsweise zeigst, daß Pasteurs Sieg über die Vertreter der Urzeugungshypothese weder eindeutig war, noch daß die von ihm ins Feld geführten ›Fakten‹ besonders objektiv waren, sondern Pasteur es vielmehr ganz hervorragend verstanden hat, die gesellschaftlichen Machtinstanzen für sich zu nutzen. Wenn du aber eine Lungenentzündung hast, dann willst du, genau wie alle anderen Menschen dieser Welt auch, daß dein Arzt dir Antibiotika verschreibt.« Anders ausgedrückt, sobald der Kritiker oder Skeptiker den Antibiotika »vertraut«, erkennt er damit wohl oder übel an, daß es Mikroorganismen gibt. Noch anders: Wie alle anderen Menschen auch lebt der Skeptiker in der Zukunft, zu deren Entwicklung Pasteur beigetragen hat. Er kann, wenn er Hilfe benötigt, nicht mehr leugnen, daß er den »Fakten« vertraut, die Pasteur, Koch und ganze Generationen von Biologen und Medizinern nach ihnen in ihren Labors über die Eigenschaften der Mikroorganismen herausgefunden haben: Mikroorganismen werden immer übertragen, nie gezeugt.

Anscheinend befinden wir uns jetzt in einer argumentativen Sackgasse. Wie sollte sich länger leugnen lassen, daß es »Mikroben« gibt? Und wenn dies ausgeschlossen ist, wie könnte man sich dann weigern zuzugeben, daß es das Verdienst der Biologie ist, ihre Existenz zweifelsfrei bewiesen zu haben? Muß man folglich die Macht des wissenschaftlichen Beweises anerkennen und zugeben, daß es uns, in diesem wie in vielen anderen Fällen auch, mit Hilfe von wissenschaftlichen Verfahren gelungen ist, die Unwissenheit überwunden und Wissen erlangt zu haben?

Wenn man sich schon einmal in der Sackgasse befindet, sollte man, bevor man verzweifelt und aufgibt, immer erst genau nachprüfen, wie die Sackgasse beschaffen und aus welchem Grund man in sie hineingeraten ist. Eigentlich ist es überhaupt nicht weiter erstaunlich, daß wir die Existenz von »Mikroben« anerkennen müssen. Denn wenn die Wissenschaftler der Meinung sind, daß es sie gibt, so liegt das daran, daß sie selbst mit Situationen konfrontiert waren, die sie nicht zu erklären imstande waren, ohne hierbei auf die Hypothese der Existenz von Mikroben zurückzugreifen. Die Wissenschaftler haben uns an genau dem Punkt in die Enge getrieben, an dem auch schon ihre Vorgänger in der »Klemme« saßen (2. C). Der entscheidende Punkt aber ist, daß derartige Situationen nicht vom Himmel fallen, sich nicht einfach jedem X-Beliebigen fix und fertig darstellen, der sich gern zum objektiven »Beobachter« eines Sachverhalts machen möchte.

In einer weiten, komplizierten, ständig sich verändernden Welt, in der es so vielfältige Beziehungsgeflechte gibt, kann man so viel beschreiben, wie man will, mit aller nur erdenklichen »Objektivität« beobachten, ein »Faktum« wird nie als Beweis gelten können. Immer wird jemand sagen können: »Dieses Faktum läßt sich auch ganz anders interpretieren, es hat eine ganz andere Bedeutung, als Sie ihm beimessen.« Wenn eine Versuchsanordnung die Macht hat, einen Wissenschaftler dazu zu zwingen, sie auf eine ganz bestimmte Art zu interpretieren, dann liegt das daran, daß sie erdacht, buchstäblich erfunden, bis ins kleinste Detail konstruiert wurde, um über diese Macht zu verfügen. Das Labor ist der Ort, an dem solche künstlichen Inszenierungen ausgetüftelt werden. Die Antworten, die es liefert, sind allerdings nicht diejenigen Antworten, nach denen die »Menschheit« seit

Urzeiten sucht. Vielmehr sind es in erster Linie und vor allem Antworten auf solche Fragen, die das Labor zu stellen in der Lage ist. Anders ausgedrückt, diese Fragen sind der im Labor stattfindenden Inszenierung angemessen.

Hat das Labor die Voraussetzungen dafür geschaffen, eine Frage »entscheidbar« zu machen, ein beweisbares »Faktum« zu schaffen, dann läßt sich auf dieser Grundlage ohne weiteres behaupten, daß ein für die menschliche Geschichte eventuell einschneidendes Ereignis stattgefunden habe. Gerade so, als sei es zu einer glücklichen Verbindung zwischen der Welt und den Menschen gekommen, der sich folgende ermutigende Gewißheit verdankt: Man weiß, wie man ein Phänomen erforschen muß, damit die jeweiligen Antworten nicht mehrere Interpretationen gestatten und sich die eine Interpretation gegen alle anderen durchsetzt. Genau das war es, was Pasteur mit seinen Mikroorganismen zustande gebracht hat. Er war dazu in der Lage, Versuchsanordnungen zu schaffen, in denen der gesuchte Mikroorganismus, falls es ihn gab, seine Existenz mittels beobachtbarer Fakten dokumentierte, von denen niemand behaupten könnte, daß sie nicht dessen Aktivitäten belegen (2. C). Allerdings darf das Ereignis, das eine geglückte Verbindung darstellt, keinesfalls verwechselt werden mit der Antwort auf eine Frage, die sich die Menschen schon von Anbeginn an gestellt haben und die ihnen folglich dabei helfen sollte, den Zustand der Unwissenheit zu überwinden und sich Wissen anzueignen. Meistens entsprechen neue Antworten neuen Fragestellungen, denen zuvor niemand unbedingt seine ganze Aufmerksamkeit geschenkt hätte. Nur weil das Labor die Voraussetzungen dafür bietet, eine Antwort zu erhalten, scheinen die entsprechenden Fragen mit einem Mal interessant, ja sogar ganz furchtbar interessant zu sein (2. D).

Nehmen wir das erste »wissenschaftliche Labor« im eigentlichen Sinne, und zwar das, in dem Galilei zu Beginn des 17. Jahrhunderts ziemlich runde Kugeln eine ziemlich glatte, schiefe Ebene herunterrollen ließ. Das Ergebnis dieser Versuche sind die »Fallgesetze« schwerer Körper, die von allen Physikern als die ersten echten Gesetze der nunmehr als »modern« bezeichneten Physik gefeiert werden. Wer aber hätte vor Galilei auf den Gedanken kommen sollen, daß die Fallbewegung von Körpern etwas ungeheuer Interessantes ist, ein erster Schritt auf dem Weg zum Verständnis von Bewegung überhaupt oder sogar zum Verständnis dessen, was wir als »Natur« bezeichnen? Alles in allem handelt es sich um eine ziemlich dürftige Bewegung, die längst nicht so interessant ist wie diejenige wachsender Pflanzen, galoppierender Pferde oder fliegender Vögel. Die von Galilei entwickelte schiefe Ebene zeichnete sich lediglich durch die Macht aus, daß die Interpreten dank ihrer in bezug auf die Frage der Bewegung schwerer Körper gegenseitiges Einverständnis herstellen konnten. Sie ist also deshalb interessant geworden, weil sie all diejenigen um sich scharte, die einem Faktum nur dann einen Wert beimaßen, wenn es sich beweisen ließ. All die anderen, die weiterhin behaupteten, daß es sich um eine vollkommen uninteressante Bewegung handelte, die keinesfalls als repräsentativ für natürliche Vorgänge gelten könne, all diejenigen, die weiterhin hartnäckig von der Physik forderten, sie solle dazu beitragen, die Bewegung der Vögel, des Windes und der Pferde, des Pflanzenwachstums und der Wasserstrudel zu verstehen, können mit Galileis Labor überhaupt nichts anfangen und wollen auch nichts damit zu tun haben. Die Einigkeit kam durch die fallenden Körpern zustande, beim schwingenden Pendel und später, in der Zeit nach Newton, bei den Planeten und Kometen. Längst aber nicht bei allem, was wir zuvor als Bewegung bezeichnet hatten.

Dasselbe gilt für Pasteurs Labor. Sicher, das Genie Pasteurs bestand darin, daß er die Frage der Mikroorganismen mit Problemen verband, an denen Industrie, Landwirtschaft und Medizin interessiert waren. Warum verdirbt Bier? Warum verenden unsere Herden an einer bestimmten Krankheit? Wie lassen sich Epidemien bekämpfen? Und auch für die wunderbarste aller Erfindungen, die Impfung, gilt: Kann man sich gegen den Angriff eines Mikroorganismus schützen? Allerdings muß man auch die Fragen berücksichtigen, auf die er keine Antworten gegeben hat, auf die in seinem Labor keine Antworten gefunden werden konnten.

Die Leistung von Pasteur besteht darin, daß er es geschafft hat, ein »Rendezvous« mit den Mikroorganismen zu Wege zu bringen. Es waren die Mikroorganismen, die er untersucht hat, nicht die kranken, die leidenden Körper, die nach Heilung verlangen. Die Frage der Heilung dürfte zweifellos diejenige Frage sein, für die sich die Menschheit seit Urzeiten interessiert. Aber nicht sie ist es, auf die Pasteur antwortet. Er erfindet ein neues Verfahren, um sich der Krankheit anzunähern. Er weiß nicht, was ein leidender Körper ist. Das Ereignis, das dieses Rendezvous darstellt, ist dann ein Erfolg, sobald klar ist, daß es um Mikroorganismen geht, um ihre Virulenz, um Verfahren, mit denen diese zu verringern wäre, und daß man dafür gar nicht zu wissen braucht, was ein leidender Körper ist. Ob Reagenzglas, Huhn oder menschlicher Körper, der Erfolg Pasteurs belegt, daß der Unterschied zwischen diesen verschiedenen »Milieus« für den Mikroorganismus keine Rolle spielt. Jedenfalls hat es bisher keinerlei Hinweise hierauf gegeben: Der Mikroorganismus vermehrt sich, sobald die Voraussetzungen für seine Vermehrung vorhanden sind. Für die Menschen dagegen ist dieser Unterschied von Belang. Es gibt nämlich Umstände, die sich offenbar nicht mit Hilfe des Mikroorganismus erklären lassen, von denen es aber abhängt, ob sie gesund werden oder nicht.

Pasteur hat bewiesen, daß die Mikroben die notwendige Voraussetzung für bestimmte Krankheiten sind, daß sie deshalb deren »Ursache« sind, weil es nicht zum Ausbruch der

Krankheit kommt, wenn es keine entsprechenden Mikroben gibt. Auf die Frage, die die Menschheit schon immer bewegte, nämlich was es eigentlich bedeutet, krank zu sein, und wie man heilen kann, vermochte Pasteur keine »wissenschaftlich belegte« Antwort zu geben. Hierzu hätte er den leidenden Körper untersuchen müssen.

B. Die Seinsbedingungen wissenschaftlicher Erkenntnisse

Machen wir es wie Pasteur. Klammern wir das Problem der leidenden Körper aus. Nicht, weil wir, wie Pasteur, dem Fortschritt der Laborwissenschaften vertrauen, der schon eine Lösung des Problems mit sich bringen wird. Denn spätestens seit der Ausbreitung von Aids wissen wir, daß ein himmelweiter Unterschied besteht zwischen der Bestimmung des Krankheitserregers und seiner Übertragungswege einerseits und dem Erfolg bei der Seuchenbekämpfung andererseits. Vielleicht sind wir ja dabei zu begreifen, daß es bei der Bekämpfung der Krankheit nicht genügt, sich auf die Wissenschaftler zu verlassen, die in ihren Labors arbeiten. Wir müssen nämlich auch Antworten auf Fragen wie die folgenden finden: Wie sind die Kranken anzusprechen? Wie kann man ihnen helfen? Wie mit ihnen leben? Die Antworten auf diese Fragen sind genauso wie die Identifizierung eines Virus Bestandteil des Wissens, das wir über eine Krankheit benötigen (4. B). Wir klammern das Problem des Zusammenhangs zwischen Krankheit und Leiden also nicht etwa deshalb aus, weil es nebensächlich wäre, sondern weil es im Gegenteil viel zu schwerwiegend ist, um in diesem Kapitel behandelt zu werden. Hier geht es ja in erster Linie um die Macht des Labors.

Die »Erkenntnisse« der Wissenschaft sind nur im Labor oder an solchen Orten möglich, wo es Instrumente gibt, die aus den entsprechenden Labors stammen. Dennoch kann man nicht an der Tatsache vorbeisehen, daß es Atome, Elektronen, Bakterien, Viren »objektiv« gibt, d.h. daß sie unabhängig davon existieren, ob wir sie nun untersuchen oder nicht. Nicht unsere Fragestellungen oder Instrumente sind es, die sie schaffen. Vielmehr sind sie es, die aufgrund ihrer autonomen Existenz die Ergebnisse erklären, die unsere Instrumente liefern. Müssen wir deshalb vielleicht davon sprechen, daß wir sie »entdeckt« haben, so wie Kolumbus Amerika entdeckt hat (das es zweifellos schon gab, bevor er über den Atlantik gesegelt ist)?

Es mag so aussehen, als würde ich Haarspalterei betreiben. In Wahrheit aber sind wir auf den zentralen Punkt des Problems gestoßen. Die Wissenschaftler fordern von uns zu akzeptieren, daß ihr Gegenstand die Wirklichkeit ist. Sie beschränken sich nicht darauf, »Seiendes« nach ihren Regeln zu schaffen. Damit wollen sie sich von den Verfahrensweisen derjenigen abgrenzen, die Gesetze beschließen und Kategorien schaffen, ohne der Wirklichkeit zu entsprechen. Ein anschauliches Beispiel hierfür lieferte die Unterscheidung zwischen legalen und illegalen Drogen. Und tatsächlich müssen wir ihnen dies auch zugestehen, denn ohne den Anspruch, einen Unterschied zu machen zwischen einer Neudefinition, die sich ausschließlich einer vertraglichen Übereinkunft verdankt, also einem menschlichen Tun entspringt, und einer »echten Erkenntnis« im weiter oben beschriebenen Sinne, bliebe die Leidenschaft der Wissenschaftler für das, was sie »Beweise« nennen, vollkommen unverständlich. Allerdings darf man sich nicht allzu schnell verleiten lassen und die Mikroorganismen mit jenem bewohnten Kontinent auf eine Stufe stellen, den Kolumbus auf der anderen Seite des Atlantiks entdeckt hat, obwohl er doch eigentlich einen neuen Seeweg nach Indien finden wollte. Für die Bewohner dieses Kontinents, den wir Amerika getauft haben, war die »Entdeckung« eine furchtbare

Katastrophe. Für uns Europäer dagegen handelte es sich um ein politisches, wirtschaftliches, soziales, kulturelles und religiöses Ereignis von ungeheurem Ausmaß: zum ersten Mal trat Europa mit einer Welt in Kontakt, die dem Wissen der Antike, das angeblich alles enthielt, vollkommen unbekannt war. Und infolgedessen hat Amerika jeden interessiert, ohne daß Kolumbus hierfür irgend etwas hätte tun müssen. Er mußte sogar schon bald dafür kämpfen, daß seine Rechte als Entdecker überhaupt anerkannt wurden.

Mit den Entdeckungen, die im Labor gemacht werden, verhält es sich anders. Zwar fängt alles mit deren Bestimmung an, aber es fängt eben nicht alles auf dieselbe Art und Weise an. Die Folgen der Entdeckungen sind nicht unbedingt wahnsinnig groß, es sei denn in der Vorstellung der Entdecker. Aber auch ihnen ist bald bewußt, daß sie dafür arbeiten müssen, hart dafür arbeiten müssen, um andere für das zu interessieren, was sie entdeckt haben (2. D). Pasteur hat unglaubliche Anstrengungen unternommen, um das Interesse von Bauern, Industriellen, Hygienikern, Beamten im Gesundheitswesen, Medizinern zu wecken, damit alle diejenigen, von denen er dachte, daß die Mikroorganismen bei deren Tätigkeit von Bedeutung war, diese Bedeutung auch erkannten. Und wenn er in dieser Weise vorgehen, sich als regelrechter *Stratege* erweisen mußte, dann lag das nicht etwa daran, daß seine Ansprechpartner »Feinde von Aufklärung, Bildung und Fortschritt« gewesen wären, die sich weigerten, das Licht der Wahrheit zu erkennen. Vielmehr lag es daran, daß das, was von ihnen verlangt wurde, eine tiefgreifende Veränderung ihrer bisherigen Vorgehensweise, der damit verbundenen Prioritäten sowie der erforderlichen Fähigkeiten bedeutete. Darüber hinaus konnten sich die Betroffenen berechtigterweise die Frage stellen, welchen Vorteil diese Veränderung mit sich bringen sollte. Stellte die Existenz jener Laborprodukte wirklich einen so gravierenden Unterschied zu dem dar, was sie bisher getan haben? So sind zum Beispiel die Mediziner erst zu »Pasteur-Anhängern« geworden, nachdem Pasteur und seine Mitarbeiter »Impfstoffe« entwickelt haben, die es möglich machten, bestimmte ansteckende Krankheiten zu heilen. Bis dahin mochte mit Hilfe der Mikroorganismen zwar einiges erklärt werden, aber deren Entdeckung erlaubte es dem Arzt nicht, erfolgreicher gegen Krankheiten zu kämpfen: Warum hätte er sich also als Mediziner dafür interessieren sollen?

Die Entdeckung Amerikas und die Sonne lassen sich durchaus miteinander vergleichen: Sie beeindrucken alle und jeder interessiert sich dafür, auch wenn jeder dies aus einem völlig anderen Motiv heraus tut. Die »wissenschaftliche« Wahrheit jedoch verfügt nicht über diese Macht. Der Urknall oder die Schwarzen Löcher regen ganz sicher zu Träumereien an und können sich des öffentlichen Interesses sicher sein. Wenn auf einer Tagung von ihnen die Rede ist, werden nach dem Vortrag garantiert viele Fragen hierzu gestellt. Allerdings trägt dieses öffentliche Interesse nicht im geringsten dazu bei, deren Existenz »zu sichern«. Sollte die theoretische Kosmologie, die den Urknall erschaffen hat, diesen eines Tages modifizieren, ihn möglicherweise sogar tilgen, würde die Öffentlichkeit zwar davon erfahren, aber ihre mögliche Enttäuschung besäße nicht die geringste Beweiskraft. Was im Gegensatz dazu die Existenz einer Laborentdeckung sichert – was also dazu beiträgt, daß man sich nur schwer eine Zukunft vorzustellen vermag, in der man mit einem Mal feststellen würde, daß man genauso gut ohne diese Entdeckung auskommen könnte –, ist die Vervielfältigung von Praktiken. Es sind Praktiken, die dieses Produkt, Schritt für Schritt und jede entsprechend ihrer eigenen Interessen und Probleme, berücksichtigen, neue Möglichkeiten entdecken, die keinen Sinn hätten, gäbe es diese neue Entdeckung nicht. Selbst wenn die Biologen, die sich in ihrer Arbeit unmittelbar auf Pasteur beziehen – züchten, bestimmen, möglicherweise einen Impfstoff herstellen –, heute plötzlich feststellen würden, daß ihr komplettes Tun in Wahrheit auch ohne Mikroorganismen auskäme – was zugegebenermaßen eine höchst unwahrscheinliche Hypothese ist –, hinge die Entscheidung, die Mikroorganismen wieder »zu tilgen«, nicht mehr allein von ihnen ab. Mittlerweile ist die Zahl derer viel zu groß, die in den verschiedensten Bereichen – so daß die Argumente der »Pasteurianer« sie überhaupt nicht betreffen – die Existenz von Bakterien, Viren usw. bestätigen. Sie benötigen diese Akteure, um ihr eigenes Tun überhaupt zu verstehen.

Wenn mittlerweile kein Zweifel mehr daran besteht, daß die Erde ein Planet unter anderen ist, dann liegt das daran, daß die astronomischen Argumente eines Kopernikus oder Galilei, die auf der Interpretation der aus der Himmelsbeobachtung gewonnenen Fakten basieren, nicht mehr die einzigen Argumente sind, die diese Tatsache stützen. Um die Erde wieder ins Zentrum »zu rücken«, müßten sämtliche physikalischen Erkenntnisse eines Newton und die Erdanziehung widerlegt werden. Dasselbe gilt für die sehr viel verzwickteren Erkenntnisse über die Unregelmäßigkeiten des »Sonnenjahres«, ganz zu schweigen vom »Foucault'schen Pendel«. Es gilt auch für die Geologie – die uns die Geschichte eines Planeten erzählt und nicht diejenige eines dauerhaften und unveränderlichen Zentrums der Welt –, für die Entdeckung der Galaxien, die chemische Analyse der Beschaffenheit der Sterne sowie ihres Alters ... Eine weitere Aufzählung erspare ich mir. Schließlich handelt es sich, kurz gesagt, um eine riesige Menge verschiedenster Kenntnisse, die sich alle aktiv auf das aus der »Kopernikanischen Revolution« hervorgegangene Weltbild bezogen haben, das die Welt nicht mehr als Zentrum des Universums sieht.

Es steht den wissenschaftlichen »Erkenntnissen« also in jedem Fall zu, an dem teilzuhaben, was wir als »Wirklichkeit« bezeichnen, und das mit allen Konsequenzen. Dieses Recht steht ihnen aber nicht etwa deshalb zu, weil ihre Existenz von einer Wissenschaft bewiesen worden wäre. Das, was das eine wissenschaftliche Experiment belegt, kann von dem anderen Experiment, das mit neueren technischen Hilfsmitteln und unter neuen Gesichtspunkten durchgeführt wurde, schon wieder über den Haufen geworfen werden. Sie sind vielmehr im Besitz dieses Rechts, weil sie zu einem echten Knotenpunkt für die unterschiedlichsten Praktiken geworden sind, von denen jede einzelne ein anderes Interesse verfolgt. Demnach verlangen sie von den fraglichen Erkenntnissen, daß sie dazu imstande sind, eine gesicherte Verbindung zu den eigenen Fragen und Interessen herzustellen. Ist diese Definition der Wirklichkeit nicht in Wahrheit die stichhaltigste, die wir geben können? Warum ist es für uns ausgeschlossen, an der »Existenz« der Sonne zu zweifeln und sie in das Reich der Phantasiegebilde zu verbannen? Einfach deshalb, weil viel zu viele Menschen auf der Erde diese Existenz in vielfältiger und oft auch älterer Weise, als unsere wissenschaftlichen Erkenntnisse es sind, behaupten. Es ist keine Einbildung, daß die Pflanzen zur Sonne hin wachsen, und der Wechsel der Jahreszeiten gründet nicht auf einer menschlichen Übereinkunft. Die Wissenschaften »schaffen« nicht etwa deshalb völlig reale Gegenstände, weil sie objektiv wären, sondern weil sie neue Verbindungen zur »Wirklichkeit« herstellen. Die Einzigartigkeit dieser neuen Verbindungen besteht darin, daß sie diejenigen, die sie herstellen, in die Lage versetzen – wie Pasteur – zu behaupten, daß ihre Schöpfung den sicheren Beleg für eine ganz bestimmte Form von Wirklichkeit liefert.

C. Prüfungen und Kontroversen

Wenn die Bedeutung der wissenschaftlichen Experimente in ihrer »Objektivität« bestünde, dann ließe sich nicht erklären, warum die Geschichte der Wissenschaften im wesentlichen von Kontroversen und Streitigkeiten der Wissenschaftler untereinander bestimmt ist. Diese zeichnen sich dadurch aus, daß jeder die Stichhaltigkeit der »Beweise« des anderen bestreitet. Wenn die Kontroverse dadurch beendet ist, daß die Sieger und Verlierer feststehen, dann besteht damit die Möglichkeit, die Sieger als »objektiv« zu bezeichnen, die Verlierer aber zu verurteilen. Sie werden getadelt, wenn Anlaß zu der Vermutung besteht, daß ihr Einspruch irgendwie ideologisch begründet war. Verziehen wird ihnen, wenn man einräumen muß, daß »seinerzeit« die Sachlage nicht ganz eindeutig war und es somit »zwangsläufig zu Kontroversen kommen mußte«. Anders ausgedrückt, im Idealfall sollte es gar keine Kontroversen geben: Sie sind entweder auf »mangelnde Objektivität« oder auf die Unzulänglichkeiten der Beweisführung zurückzuführen.

Ich vertrete den genau entgegengesetzten Standpunkt. Wenn die Verbindungen, die die Wissenschaftler zur Wirklichkeit herstellen, gesichert sind, wenn wir rückblickend von ihnen sagen können, daß sie »objektiv« sind, dann liegt das gerade daran, daß sie das Resultat von Kontroversen sind. »Objektiv« sind sie, weil sie sich zunächst an Beurteilungsinstanzen wenden, deren Rolle darin besteht, die Beweisführung zu hinterfragen und mit aller Kraft nach Mitteln zu suchen, um diese zu erschüttern.

Der Wissenschaftler, der in seinem Labor über einem Experiment brütet, das ein neues »Faktum« zutage fördert, ist dort niemals wirklich allein. Das Labor ist von all denen bevölkert, von denen der Wissenschaftler weiß oder hofft, daß sie seinem Argument gegenüber aufgeschlossen sind. Genauer gesagt, er ist umgeben von all denen, die als »Kapazitäten« auf dem Gebiet gelten, auf dem auch er arbeitet, und von denen die unmittelbare Zukunft seiner These abhängt. Ein experimentell gewonnenes Faktum kann nie »rein« sein. Es ist immer von einem System erzeugt, dessen Rolle nicht nur darin besteht, es messen zu können, sondern das auch dazu dient, all jenen entgegenzutreten, die eine abweichende, fachlich unanfechtbare Deutung vorschlagen könnten. Die Kontroverse ist folglich in Wahrheit die »Geburtsstätte« des Faktums, und echte Kontroversen sind der Beleg dafür, daß der Wissenschaftler nicht alle möglichen Gegenargumente vorhergesehen hat oder daß er vom Standpunkt desjenigen, dessen Einwand er vorwegnehmen wollte, nur ungenügend darauf eingegangen ist.

Dementsprechend diskutieren Laborwissenschaftler nur sehr selten »direkt« miteinander, tauschen vernünftige oder gutgemeinte Anregungen aus, suchen nach Bedingungen für ein mögliches Einverständnis, das dann die Grundlage für einen Konsens bilden könnte. Sie setzen sich vielmehr mittels Versuchsanordnungen auseinander. Aus diesem Grund wird auch »Kompetenz« verlangt: Die Beweisführung mit Hilfe von wissenschaftlichen Experimenten ist nie eine ausschließlich logische Angelegenheit, die von jedermann nachzuvollziehen wäre, sondern sie ist eine Rechtfertigung der jeweiligen These. Es geht darum herauszufinden – zwar nicht auf eine absolut unumstößliche Art und Weise, wohl aber unter Berücksichtigung der Kenntnisse und technischen Mittel einer Epoche –, ob die Verbindung zwischen »Faktum« und »Interpretation« – der »Beleg für das Faktum« – möglichen Einwänden standzuhalten vermag. Es muß also geprüft werden, ob er sich unabhängig von den Konzeptionen, Überzeugungen und gegebenenfalls Ansprüchen, die zu diesem Beweis in Widerspruch stehen, durchzusetzen vermag.

Objektivität ist demnach überhaupt keine Eigenschaft der Wissenschaftler. Sie sind in Wahrheit genauso leidenschaftlich, ehrgeizig, monomanisch wie jeder x-beliebige andere Mensch auch. Vielmehr ist Objektivität Ausdruck für die Prüfungen, die ein »Faktum« überstehen muß, damit es als »wissenschaftlich« gelten darf und sich die Gemeinschaft, die es betrifft, darauf beruft. Der Inhalt dieser Prüfungen ist nicht das, was der Wissenschaftler denkt – kann man überhaupt davon sprechen, daß er »neutral« ist? –, sondern was ihm sein System zu behaupten erlaubt. Ein Kollege, der die Position eines anderen Kollegen als »Ansicht«, Überzeugung oder Anschauung auslegt, ist immer ein Gegner. Nicht etwa deshalb, weil er den anderen der »Subjektivität« beschuldigt, sondern weil er durch seine Form der Auslegung bestreitet, daß für dessen Darstellung auch nur die geringste Aussicht darauf besteht, die ihr bevorstehenden Prüfungen erfolgreich zu bestehen. Weil er damit deutlich macht, daß er nicht einen Heller dafür geben oder eine Stunde Zeit dafür vergeuden würde, um einen präzise formulierten Einwand vorzubringen. Für eine neue These gibt es kein schlimmeres Schicksal, als einer Prüfung, die zu einer echten Kontroverse gehört, für nicht würdig befunden zu werden. Noch vor einer solchen Prüfung ist die These der »Unwissenschaftlichkeit« beschuldigt worden, womit ihr jede Möglichkeit genommen ist, in der Kontroverse zu bestehen.

Nicht selten wendet sich der enttäuschte Wissenschaftler an die Öffentlichkeit, nachdem seine These abgelehnt wurde, ohne überhaupt einer »ernsthaften Prüfung« unterzogen worden zu sein. Er macht das Publikum zum Zeugen für den Dogmatismus seiner Kollegen, für die Zensur, deren Opfer er geworden ist. Und zuweilen ist er noch nicht einmal im Unrecht. Trotzdem ist die Öffentlichkeit nicht dazu in der Lage, ihm zu helfen, und die Tatsache, daß er sich an »Inkompetente« wendet, kommt einer endgültigen Verurteilung bei seinen Kollegen gleich. Auch wenn das Publikum zwar nicht dazu in der Lage ist, die »Fakten« zu bewerten, sich aber dennoch für die »Ideen« interessiert, ist das dann nicht tatsächlich der Beleg dafür, daß die Absicht des dargestellten »Faktums« eher darin bestand, einen anregenden Gedanken zu veranschaulichen, als einen Konsens zwischen denjenigen herzustellen, die sich, unabhängig von ihren Anschauungen, möglicherweise darauf beziehen.

Die Geschichte der Laborwissenschaften ist keineswegs gerecht, weil sie höchst selektiv ist und in Wahrheit ganz entscheidend von Werturteilen abhängt. Es ist ausgeschlossen, die Zahl der Thesen aufzuzählen, die durchaus das Zeug dazu gehabt hätten, sich durchzusetzen, und die mit einem Achselzucken abgewiesen wurden. Dagegen werden andere Thesen »ernst genommen«, weil sie von jemandem stammen, der über einen gewissen Bekanntheitsgrad und Ansehen verfügt, oder weil die Thesen in einen Zusammenhang passen, der bei der betreffenden Gemeinschaft als plausibel gilt. Infolgedessen haben wir es mit einer Geschichte zu tun, die durchaus auch Möglichkeiten vergibt, etwas ausschließt, was unter anderen Voraussetzungen zu einer »wissenschaftlichen Erkenntnis« hätte werden können. Es handelt sich also keinesfalls um eine »optimale« Geschichte, die immer das bestmögliche Urteil über jede These fällt. Dennoch ist sie hinsichtlich dessen, was sie akzeptiert, insgesamt gesehen relativ gesichert. Und das deshalb, weil diejenigen, die sie vereint, d. h. die »kompetenten Kollegen«, alle daran interessiert sind, daß die anerkannte These auch wirklich »standhält«. Im Rahmen dieser Geschichte gibt es in Wahrheit keine einzige These, die als endgültige Wahrheit interessiert, an die sich dann jeder halten könnte. Wenn eine These Interesse weckt, dann gerade durch das, was sie zu dieser Geschichte beitragen kann. Anders ausgedrückt, interessant ist sie wegen der neuen Versuchs- und Interpretationsmöglichkeiten, die sie im Rahmen dieser Geschichte schafft. Infolgedessen haben alle diejenigen, die an dieser Produktion beteiligt sein könnten, ein Interesse daran, daß die fragliche These, von der gegebenenfalls ihre eigene abhängt, gesichert ist, daß die Verbindung zwischen »Faktum« und »Interpretation« den Prüfungen standhält, die sie zu zerstören trachten.

Die Eingrenzung der Gemeinschaft, d. h. die Tatsache, daß ausschließlich die Meinung von »kompetenten« Kollegen zählt, darf im vorliegenden Fall nicht zwangsläufig als eine Form von Machtmißbrauch gedeutet werden. Diese Kollegen haben nämlich tatsächlich ein ganz spezielles Interesse an einer Unterscheidung zwischen dem, was haltbar, und dem, was nicht haltbar ist. Denn sie sind es, für die die neue These eine Unterscheidung bedeutet, ihnen eröffnen sich hierdurch neue Wege bzw. werden andere Wege verbaut. Im nächsten Abschnitt werde ich noch näher auf den Sachverhalt eingehen, daß besagte Eingrenzung trotzdem nicht definitiv ist, wenn das Ergebnis eine gewisse Bedeutung hat. Denn andere müssen dafür interessiert werden, d. h. das Ergebnis muß auch für andere Interessen Geltung erlangen. Und dies könnte dann auch der Beginn vollkommen anderer Geschichten sein. Vielleicht verstehen wir ja in der Zwischenzeit ein wenig besser, um was für einen einzigartigen Ort es sich bei diesem Labor, oder genauer gesagt, bei dieser Gemeinschaft von Labors, die alle dieselben Verfahren benutzen, handelt: Ein einzelnes Labor, das vollkommen unabhängig Neues hervorbringt, ruft böse Gedanken an einen verrückten Wissenschaftler bzw. an allmächtige Genies wach. Die Labors sind mit Instrumenten ausgestattete Orte. Diese sind ihrerseits nichts anderes als alte Vorrichtungen für Experimente, die den Status von Faktenlieferanten erlangt haben, deren Interpretation als gesichert gilt. Die Zukunft wird hier folglich durch den ständigen Rückbezug auf die Vergangenheit entwickelt. Dem, was bereits »durchgesetzt« wurde, werden neue Rollen und eine neue Tragweite zugeschrieben. Darüber hinaus sind es von »Kollegen« bevölkerte Orte, die ein einzigartiges Band eint: Zusammenarbeit und Rivalität, Anteilnahme und Polemik. Sie sind auf Gedeih und Verderb aufeinander angewiesen, müssen aber genauso auf Gedeih und Verderb eine These überprüfen, die, wenn sie diese Prüfung besteht, die gemeinsame Zukunft beeinflußt (4. C). Schließlich sind es außerordentlich selektive Orte, denn nur solche Erscheinungen sind für das Labor wirklich interessant, bei denen von vornherein die Möglichkeit besteht, daß sie, ohne ihre Bewandtnis einzubüßen, den harten Prüfungen standhalten. So werden sie gegebenenfalls zu zuverlässigen Zeugen, die allen Beobachtern deutlich zu machen vermögen, daß die Art und Weise, wie sie beschrieben werden, eine »objektive« ist.

D. Rein und unrein

Die Wissenschaftler behaupten oft, ihre Ergebnisse seien neutral. Es sei die Gesellschaft, die, falls es zu einer negativen Nutzung dieser Ergebnisse kommt, hierfür verantwortlich ist. Ist denn der Erfinder der Axt dafür verantwortlich zu machen, daß man mit ihr auch Menschen töten kann? Allerdings fällt auf, daß bei einer positiven Nutzung der Ergebnisse nie in dieser Form argumentiert wird. Plötzlich wird nicht mehr die Verbindung zwischen »reiner« Forschung und der Erfindung von Antibiotika oder den vielen Untersuchungsgeräten geleugnet, von denen es in den Krankenhäusern so viele gibt und die Menschenleben retten helfen. Was ich gern zeigen möchte, ist, daß die Wissenschaftler, ob sie nun eine Verbindung zwischen Forschungsergebnissen und deren Anwendung herstellen oder die Anwendung als »unrein« betrachten, recht und unrecht zugleich haben. Recht haben sie deshalb, weil ein im Labor erzieltes »Ergebnis«, soll es den Ausgangspunkt für ein Verfahren, eine Apparatur oder ein für die Gesellschaft interessantes Produkt darstellen, tatsächlich seinen Wirkungsbereich vergrößern und neben den »kompetenten Kollegen« noch für eine ganze Reihe anderer Individuen »interessant« sein muß. Unrecht haben sie, weil die »kompetenten« Wissenschaftler diese Entstehung von Interessen, die nicht mit ihren eigenen vereinbar sind, richtiggehend aktiv zu fördern trachten, weil die Zukunft dessen, was sie herausgefunden haben, davon abhängt. Kurz gesagt, der Wissenschaftler hat keine Macht über die Interessen, die die Voraussetzung dafür sind, daß seine Ergebnisse »das Labor verlassen«, auch wenn es nur sehr selten vorkommt, daß diese Interessen sich miteinander verbinden, ohne daß er aktiv versucht hätte, hierzu beizutragen.

Natürlich gibt es auch Entdecker, die sich damit begnügen, ihre Entdeckung gemacht zu haben, denen es also reicht, daß ihre These Anerkennung bei den kompetenten Kollegen findet. Die meisten jedoch – und wie sollte man sie nicht verstehen können? – kümmern sich auch darum, welche Auswirkungen ihre Entdeckung haben könnte, inwiefern sie möglicherweise andere Wissensgebiete beeinflußt oder neue Verbindungen herstellt. Und wenn die Wissenschaftler neue Erkenntnisse gewinnen, deren Relevanz durch die Vervielfachung verschiedenartiger Praktiken bewiesen ist, die sich darauf beziehen, dann verdankt sich dieser Sachverhalt der Tatsache, daß sich die Wissenschaftler um derlei Fragen kümmern.

Es ist ziemlich einfach, die »breite Öffentlichkeit« für die wunderbaren Perspektiven zu interessieren, die sich durch die Entdeckung eines am Stoffwechselprozeß im Gehirn beteiligten Moleküls, durch die Möglichkeit der Entschlüsselung des menschlichen Genoms oder durch die »Supercodes« eröffnen. Sie stellen eventuell die Voraussetzung für die Formalisierung von physikalischen Interaktionen dar. In allen drei Fällen haben wir es mit den Erkenntnissen einer Laborwissenschaft zu tun, denn sowohl das Molekül als auch das Genom und die physische Interaktion sind »Laborprodukte«. Sie haben genau dieselbe Bedeutung wie alle gesicherten Belege, die ihre eigenen Seinsbedingungen entwerfen. Wir werden nichtsdestoweniger sehen, daß die Laborprodukte völlig andere Probleme aufwerfen, sobald es um die Frage geht, welche »Tragweite« sie haben, für wen sie existieren und für wen sie eine Differenzqualität darstellen. Und in diesem Zusammenhang stoßen wir auch wieder auf die vielen verschiedenen Mächte, die wir einen Moment lang unberücksichtigt gelassen haben.

Skandal, Enttäuschung, Niedergeschlagenheit: Der amerikanische Senat hat 1995 die Mittel für den »Schwerionenbeschleuniger« gestrichen, mit dem ein »weiterer Schritt nach vorn« auf dem Weg der Erforschung von Materie und deren Wechselwirkungen gemacht werden sollte. Viele junge amerikanische Physiker, die an der Formalisierung von Interaktionen arbeiteten, haben das Signal verstanden: Sie nutzen jetzt ihr Talent in den Finanzunternehmen an der Wall Street, wo sie ihre Fähigkeiten nutzbringend einsetzen können. Ihre Professoren verzweifeln und verurteilen den Seelenverlust einer Kultur, die freiwillig darauf verzichtet, den Bau der »Kathedralen« unseres Zeitalters fortzuführen, jener Stätten, an denen sich der »Mensch« in interessenloser Weise mit den letzten Dingen beschäftigt. Abgesehen davon, daß Kathedralen im Mittelalter ganz und gar keine interessenlosen Unternehmungen, sondern zentrale Orte wirtschaftlicher Aktivitäten waren, belegt diese Form der Argumentation sehr anschaulich die Tatsache, daß die »interessenlose« Physik der Urstoffe hinsichtlich der Schaffung von Verbindungen und Perspektiven, tatsächlich niemand anderen interessiert als die mit dieser Frage beschäftigten Physiker selbst. Was den Seelenverlust betrifft, die Dynamik einer Kultur, die zu einem interessenlosen Unternehmen in der Lage ist, so mag dieses Argument in der Zeit des Kalten Krieges auf fruchtbaren Boden gestoßen sein. Unterstützt wurde es beispielsweise durch den Hinweis, »daß man in der Sowjetunion diesem Bereich große Aufmerksamkeit schenkt ...«. Seit dem Ende des Kalten Krieges jedoch greift das Argument nicht mehr.

Völlig anders stellt sich die Situation im Fall des »menschlichen Genoms« dar, der Entschlüsselung einer Sequenz von Mononukleotiden. Sie bilden den Baustein für die Moleküle der in jeder menschlichen Körperzelle enthaltenen DNS. Auf ihrer Grundlage werden insbesondere die Proteine produziert, ohne die es kein Leben gäbe. Wenn man das Genom entschlüsselt, lüftet man damit nicht das »Geheimnis« des menschlichen Individuums? Erhält man dadurch nicht Zugang zu seiner biologischen, medizinischen und – warum nicht? – psychologischen Wahrheit? In diesem Fall sind die Interessen fast zahllos, fast so wie bei der Entdeckung Amerikas. Und genauso wie bei der Entdeckung von Amerika braucht man noch nicht einmal über den Atlantik gesegelt sein – d. h. man braucht noch nicht einmal eine echte, die Prüfungen bestehende Verbindung zwischen einer menschlichen Eigenschaft und seiner biologischen Interpretation herzustellen –, um an der Geschichte teilzuhaben. »Korrelationen«, die statistisch belegen, daß eine bestimmte »genetische Abweichung« die Veranlagung zu einer ganz bestimmten Krankheit bedeuten kann, ja sogar zu einer ganz bestimmten Charaktereigenschaft, reichen aus, um sich am Tanz beteiligen zu können, d. h. um in den Genuß von Forschungsmitteln zu kommen. Belegt der Bezug zur Genetik denn schließlich nicht, daß diese Forschungen den Bereich der »heimeligen Alma mater«, der »ausschließlich qualitativen Orientierung« verlassen, um zu »echten Wissenschaften« zu werden? Darüber hinaus sind derartige Korrelationen auch noch für andere Akteure interessant: Versicherungsgesellschaften, Entwickler von Eignungstests, Kriminologen, Diätspezialisten, kurz gesagt, für alle diejenigen, für die die Bestimmung einer »Risikogruppe« dienlich ist. Einige dieser Forschungen können durchaus fruchtbar sein, andere überhaupt nicht. Alles in allem ist es ihre Verbindung, d.h. die durch das Genom zustande gekommene Verbindung der verschiedenen Interessen, die einen Vorgeschmack auf eine mögliche Zukunft gibt, in der sich die Menschen mittels einer genetischen Begrifflichkeit selbst über ihre Zukunft, ihre Möglichkeiten, ihre Einzigartigkeit miteinander verständigen werden.

Die bedenkliche Einzigartigkeit des Fallbeispiels, das ich gerade skizziert habe, erklärt sich aus der Tatsache, daß »im Namen der Wissenschaft« wissentlich äußerst bedenkliche Entwicklungen in Kauf genommen werden. Die statistischen Korrelationen machen es nämlich möglich, von der Hypothese eines »genetischen Unterschieds«, deren Gegenstand eine DNS-Reihe ist, zu einem Thema überzugehen, das die Anlage zu einer Krankheit oder ein Merkmal behandelt, mit dessen Hilfe sich ein Mensch charakterisieren läßt. Anders ausgedrückt, von der DNS-Reihe zum Menschen, für den »das Risiko zu der und der Krankheit« besteht, ja sogar zum »aggressiven«, »schizophrenen« usw. Menschen. Dieses Abgleiten ist deshalb leicht zu bewerkstelligen, weil diejenigen, die dafür verantwortlich sind, überhaupt kein Interesse daran haben, daß es hinterfragt wird. Sie haben deshalb kein Interesse, weil so die Ergebnisse dieser Vorgehensweise nicht davon abhängen, ob diese einer möglichen Kontroverse standhält. Die Beweisführung in bezug auf die menschlichen Individuen kann nicht nur einseitig, sondern vor allem auch parteiisch sein (1. D). Der entscheidende Punkt jedenfalls besteht darin, daß die Aussage die Einrichtung von Verfahren, Formeln und Regeln erleichtert und rechtfertigt, die der Öffentlichkeit eingetrichtert werden sollen. Diese entwickeln sich so zu Initiatoren einer Zukunft, in der »im Namen der Wissenschaft« verfahren wird (1. A).

Wenn dagegen die Identifizierung eines besonderen DNS-Teilstücks des menschlichen Genoms medizinisch genutzt werden soll, dann haben wir es mit einer völlig anderen Sachlage zu tun. Sobald die identifizierte DNS nämlich tatsächlich medizinisch genutzt werden soll, geht es natürlich um die Ausübung einer ganz konkreten Macht. Diese Macht basiert eben nicht mehr nur auf der Identifizierung (und ihren Folgen, das heißt der möglichen Vernichtung von befruchteten Eizellen, bei denen festgestellt wurde, daß sie »zu einer Risikogruppe gehören«). Vielmehr bringt sie gleichzeitig die Stichhaltigkeit der bestehenden Verbindung zum Ausdruck und gefährdet sie. Als Modell für diese Sachlage nannte ich das Problem, das ein Molekül für seine Erzeuger aufwirft, das am Stoffwechselprozeß im Gehirn beteiligt ist.

Betrachten wir also ein solches Molekül. Zunächst einmal gibt es dieses Molekül nur für die Wissenschaftler solcher Labors, deren Prüfungen es überstanden hat. Wer interessiert sich sonst noch dafür? Für wen stellt es eine Differenzqualität dar? Anders ausgedrückt, welche »Tragweite« besitzt es? Wie groß ist die Zahl und die Bedeutung der anderen Arbeitsfelder, für die es relevant ist? Es könnte sich herausstellen, daß es ein Molekül ist wie jedes andere der zahllosen am Funktionsprozeß des Gehirns beteiligten Moleküle auch. Aber genauso gut könnte sich herausstellen, daß man es mit einem »revolutionären Molekül« zu tun hat, das die Voraussetzungen für ein neues Verständnis des Gehirns schafft und seinen Entdeckern unter Umständen einen Nobelpreis beschert. Darüber hinaus könnte es auch den Ausgangspunkt für neue Behandlungsmethoden bilden und dem Pharmaunternehmen, das den Mut hat, auf dieses Molekül zu setzen, riesige Gewinne einbringen. Das Molekül hat nicht von sich aus die Macht, diese Verwendungsmöglichkeiten, die den Unterschied zwischen einer ehrenwerten wissenschaftlichen Arbeit und einem Triumph der Forschung markieren, aktuell zu machen. Hierzu bedarf es einer gesonderten Anstrengung, einer von Leidenschaft geprägten Strategie, die Verknüpfungen und Interessen erzeugt (2. B). Wenn diese Möglichkeiten jedoch auf die eine oder andere Art verwirklicht werden, dann ist der Erfolg trotzdem keineswegs völlig planmäßig zustande gekommen, er ist nicht allein das Resultat menschlicher Strategien. In Wahrheit genügt es nämlich nicht, daß sich die Industrie oder andere Labors, die sich ebenfalls mit der Funktionsweise des Gehirns beschäftigen, für das Molekül interessieren, damit Verbindungen entstehen, von denen die Art und Weise abhängt, in der man über das Molekül und seine Entdeckung spricht. Es muß neuen Anforderungen gerecht werden, die sich von denjenigen unterscheiden, denen es bereits genügt hat. Diese sind kennzeichnend für diejenigen Industriezweige und Labors, für die das Molekül interessant war. Die Pharmaindustrie testet Millionen von Molekülen, um eines zu finden, das sich als Baustein für ein Medikament eignet. Und die neurobiologischen Labors geben sich nicht mit mündlichen Verlautbarungen zufrieden. In beiden Fällen muß das »vielversprechende« Molekül einiges von dem halten, was es verspricht. Es muß denjenigen, die Erwartungen in es setzen, auch tatsächlich neue Handlungsperspektiven eröffnen.

Dieses letzte Fallbeispiel ist wohl das klassischste. Alle drei Fallbeispiele zusammengenommen zeigen, warum es unnütz ist, im wissenschaftlichen Bereich Reinheit und Unreinheit einander gegenüberzustellen. Ja, die Grundlagenphysik muß als »rein« bezeichnet werden, weil die mehr als flüchtige Existenz eines neuen Teilchens im Ionenbeschleuniger für niemand anderen eine Differenzqualität darstellt als für die mit dieser Materie beschäftigten Physiker selbst. In diesem Fall ist die Reinheit aber ein Mißerfolg, eine Schwäche. Wenn die Elementarteilchen dazu imstande gewesen wären – so wie die Atomkerne und die Radioaktivität –, Verbindungen mit anderen praktischen Bereichen herzustellen, dann hätten es sich die Physiker nicht nehmen lassen, ihnen Geltung zu verschaffen. Obwohl es derlei Verbindungen nicht gab, haben sie doch alles in ihrer Macht Stehende getan – zunächst haben sie sich auf den Wettlauf mit dem Osten berufen, dann haben sie sich auf pseudo-historische Ausführungen gestützt, mit deren Hilfe die Beziehung nachgewiesen werden sollte, die zwischen der Wirtschaftskraft eines Staates und dem Interesse besteht, das dieser Staat den großen, die Menschheit bewegenden Fragen entgegenbringt. Ja, das Unternehmen »menschliches Genom« ist ganz entschieden »unrein«. Seine Bedenklichkeit jedoch erklärt sich nicht aus der Tatsache, daß es zu viele verschiedenartige Interessen in sich vereinigt, sondern sie resultiert aus dem Umstand, daß diese Verbindung zu einfach herzustellen ist. Anders gesagt, sie eignet sich dazu, alle diejenigen zu vereinen, die ein Interesse daran haben könnten, eine statistische Abweichung in ein Auswahl-, Auslese- und Kontrollinstrument umzuwandeln. Was das Molekül betrifft, so zeigt sein möglicher Werdegang im Rahmen unseres Wissens ganz eindeutig die Verwobenheit zwischen dem »Reinen« und dem »Unreinen«, das die Grundlage unseres Wissens und unserer Wissenschaftspraxis darstellt. Ohne die »Unreinheit« der Strategien der Wissenschaftler, die dazu dient, andere Partner zu gewinnen, ohne die Interessen dieser anderen Partner, die Fragen der Patentierung und des Profits mit einbringen, ohne den Vorrang der chemischen Heilmethoden oder das wissenschaftliche Ansehen, das jeder Erklärungsansatz des menschlichen Verhaltens auf der Grundlage einer molekularbiologischen Begrifflichkeit genießt, bestünden kaum Aussichten für das Molekül, das Labor zu verlassen, in dem es entdeckt wurde. Soll es das Labor aber auch tatsächlich verlassen, soll es die Gelegenheit erhalten, auch für andere zu existieren als nur für diejenigen, die es entdeckt bzw. erschaffen haben, dann reicht das alles noch nicht aus. Der Grad der Zuverlässigkeit, der sich an Hand der Kenntnisse und Praktiken ablesen läßt, die sich im Laufe ihres Entwicklungsprozesses auf das Molekül beziehen, bemißt sich nicht an der »Reinheit« seines Werdegangs. Er bemißt sich auch nicht an der Interessenlosigkeit derjenigen, die es fördern, sondern an den Prüfungen, die es zu bestehen hat, an den Anforderungen, die es erfüllen muß, an den Kontroversen, die es bedingt.

3. Das Gift der Macht

A. Verschiedene Mächte

Jede maßgebliche wissenschaftliche Errungenschaft, jede Erfindung, die den Wissenschaftlern der unterschiedlichsten Fachrichtungen, der technischen und industriellen Entwicklung sowie dem gesellschaftlichen Leben neue Möglichkeiten eröffnet, vereinigt und vermengt die unterschiedlichsten Formen von Macht.

Es gibt aber nur eine einzige Form von Macht, die typisch ist für die Wissenschaft. Galilei entdeckte vor beinahe vierhundert Jahren, daß eine schiefe Ebene hinunterrollende Kugeln ihm die Macht verliehen, die Wissenschaftler seiner Epoche zu zwingen, ihm darin beizupflichten, daß die Bewegung der Kugel nur auf eine einzige Art und Weise zu beschreiben war. Damit wurde ihm die fragliche Macht bewußt: die des Experiments. Das »Gesetz« der Bewegung fallender Körper ist seit Newton derart verallgemeinert worden, daß damit beispielsweise auch die Bewegung der Planeten um die Sonne beschrieben werden konnte. Sobald man es jedoch mit der schiefen Ebene zu tun hat, ist man gezwungen, dieselben Schlußfolgerungen zu ziehen wie Galilei. Diese Ebene ist das erste Beispiel für eine Versuchsanordnung, weil sie die Entdeckung einer neuen Form von Macht bedeutet: Es ist möglich geworden, ein Faktum in der Weise anzuordnen, daß sich der Wissenschaftler im Falle eines Zweifels, einer Kritik oder einer abweichenden Interpretation auf seine Versuchsanordnung berufen und sie an seiner Stelle antworten lassen kann. Die Versuchsanordnung verwandelt ein natürliches Phänomen in ein Argument, es schafft Fakten, die einem Autorität verleihen.

Allerdings ist diese einzigartige Macht zugleich sehr selten. Die Möglichkeit, einem Phänomen die Macht zu übertragen, daß es selbst bestimmen kann, wie es zu beschreiben ist, stellt immer ein Ereignis dar. Und dieses Ereignis ist es, das verschiedene Machtformen gemeinsam haben. Welche Tragweite besitzt die Beweisführung? Wen betrifft sie? Das Labor ist nicht dazu imstande, auf derlei Fragen zu antworten, weil die Kraft der Beweisführung, die dort stattgefunden hat, von der Inszenierung des Phänomens abhängt. Was passiert, wenn Galileis Ebene nicht glatt ist, wenn die Reibung so groß ist, daß sie den Versuch beeinflußt? Der Fall der Kugel wird wieder zu einem komplizierten Phänomen, das sich auf vielfältige Weise beschreiben läßt. Die Beweisführung hat ihre Kraft verloren.

Es gibt Fälle, in denen die Angelegenheit klar ist. Wenn jede Reibung ausgeschlossen werden soll, müßte man idealerweise ein Vakuum erzeugen. Ohne Luft jedoch könnten die Vögel nicht fliegen. Demnach ist das Vorhandensein von Luft, die durchaus als »Komplikationsfaktor« für fallende Körper gelten könnte, ein wesentliches Element des Vogelflugs. Die Wissenschaftler müssen zwangsläufig anerkennen, daß damit in der Tat eine echte Machtgrenze im Hinblick auf die Galileischen Gesetze erreicht ist. Manchmal jedoch halten sie sich für frei genug, den Grenzen, auf die sie stoßen, keine wirkliche Bedeutung beizumessen. Sie sind der Ansicht, daß sich alles schon regeln wird, wenn man denn die Dinge erst einmal besser begriffen hat. So sind zum Beispiel Pasteurs Mikroben keine hinreichende Erklärung dafür, warum einige Menschen gesunden, während andere sterben. Reicht es hierzu, mehr über deren Funktionsweise zu wissen? Seit Pasteurs Zeiten sind zwar enorme Fortschritte auf dem Forschungsgebiet des Immunsystems lebender Organismen erzielt worden, aber mit jeder weiteren

Erkenntnis wurde das Problem nur um so komplexer. Die Macht des Labors, mit deren Hilfe sich bestimmte Mechanismen des Immunsystems veranschaulichen und die daran beteiligten Moleküle bestimmen lassen, macht es zunehmend schwerer, zwischen dem zu unterscheiden, was »ausschlaggebend«, und dem, was »nebensächlich« ist und daher unberücksichtigt bleiben kann. Welches Gewicht haben der »Willen«, das Vertrauen, der Optimismus bzw. Pessimismus der Patienten? Einige erwarten eine neue »Revolution«, die dazu beiträgt zu vergessen, daß man es mit etwas anderem zu tun hat als einem komplizierten Zusammenspiel molekularer Mechanismen. Andere behaupten, daß neue Wege beschritten werden müßten, die sich mit dem Kranken und seinem Leiden befassen, nicht mit seinen Molekülen.

Man kann natürlich nicht sagen, daß die erwartete »Revolution« nie stattfinden wird. Dafür läßt sich aber in diesem unentscheidbaren Fall das Spiel von Mächten beobachten, die nicht diejenigen des Labors sind.

Zunächst einmal wäre da die gesellschaftliche Macht. Wenn die Heilbehandlung den Kranken in den Vordergrund rückte, und nicht irgendwelche Wesen (Mikroben, Antigene, Antikörper usw.), deren Funktionsweise sich im Labor veranschaulichen läßt, könnte sie nicht zu einer »experimentellen Frage« werden. Es ist ausgeschlossen, sich die Frage zu stellen, wie ein Mensch, der leidet, hofft, vertraut, bittet oder verzweifelt, geheilt werden kann, und gleichzeitig wissenschaftliche Versuche an ihm vorzunehmen, mit deren Hilfe sich etwas veranschaulichen läßt. Das bedeutet auch, daß die Kenntnisse, die bei dieser Gelegenheit gewonnen werden – und die die Menschheit im Laufe ihrer langen Geschichte sicher auch schon gewonnen hat (4. B) –, deshalb nicht als »objektiv« zu bezeichnen wären, weil sie keiner Kontroverse standhalten würden. Hierbei handelt es sich um Wissen, das es zu hegen gilt, von ihm darf man jedoch nicht erwarten, daß es die Kraft besitzt, diejenigen verstummen zu lassen, die es in Frage stellen. Da ausschließlich dasjenige Wissen als »wissenschaftlich« gilt, das über ebendiese Fähigkeit verfügt (1. E), wird jemand, der den Versuch macht, abweichende Praktiken zu etablieren, die andere Behandlungsformen des Kranken bedingen, sofort als »Scharlatan« abqualifiziert. Demgegenüber gelten »sehr seriöse« sozio-psychologische Untersuchungen als wissenschaftliche Beschäftigung mit dem Problem, die sich darauf beschränken, statistische Gesetzmäßigkeiten in bezug auf die »Heilmethoden« kundzutun. Wenn die innovative Kraft des Labors, das seine eigenen Fragestellungen entwickelt und Erkenntnisse hervorbringt, von denen wir überhaupt keine Vorstellung haben, an ihre Grenzen stößt, geschieht häufig folgendes: Alles andere, gewissermaßen der »Rest«, wird wie ein echter Rückstand beurteilt, nicht wie das Ausgangsmaterial für andere praktische Erfindungen. Mit diesem Rest wird dergestalt verfahren: Man quantifiziert, sucht nach statistischen Korrelationen, Beziehungsfaktoren, nach allem, was sich irgendwie als nützlich erweisen könnte, was in diesem Fall jedoch das Problem verschleiert. Mittels einer statistischen Untersuchung werden wir nie herausfinden, wie wir einen mit Aids infizierten Menschen behandeln, wie man ihm sein Schicksal erleichtern oder wie man Mittel entwickeln kann, die seine Widerstandsfähigkeit gegenüber der Krankheit steigern.

Diese Entwertung des »Rests«, das heißt dessen, was sich der Definition im Labor entzieht, ist Ausdruck einer weiteren Entwertung: Wenn die Kranken zu statistischem Material degradiert werden, liegt das dann nicht daran, daß sie selbst keine Stimme haben? Ist es nicht Ausdruck davon, daß sie machtlos, unfähig sind, dafür zu sorgen, daß ihrem Problem eine Aufmerksamkeit zuteil wird, die nichts zu tun hat mit dessen im Labor geleisteter Definition? (4. B)

Auf der anderen Seite jedoch gibt es Dinge, die wir schon

jetzt wissen und denen wir keine Beachtung schenken. Wenn die seelische Verfassung eine Rolle spielt, dann müßten auch die Art und Weise, wie ein Kranker in der Klinik behandelt wird, wie man mit ihm umgeht, auf ihn eingeht, »eine Rolle spielen«. Demzufolge müßten die Anzahl der Krankenschwestern, ihr Einsatz, ihre Vielseitigkeit, die Art und Weise, wie ein Arzt mit den Patienten umgeht, ja sogar die Qualität des Essens genauso eine Rolle spielen wie die technischen Untersuchungs- und Behandlungsmethoden. Wir wissen aber, daß dies nicht so ist. Es wird ganz eindeutig mehr Geld in die technischen Gerätschaften investiert. Dies trägt zu einer immer stärkeren Durchsetzung der Vorstellung bei, daß ausschließlich das wissenschaftliche und technische Wissen, das die Entwicklung der betreffenden Geräte ermöglicht hat, für die Frage der Heilung maßgeblich ist. Eine ganze Reihe verschiedener Machtfaktoren bedingen diese Entscheidungen. Eine Rolle spielen unter anderem die Berechnungsprinzipien, nach denen die Investitionen getätigt werden, die Medizinerausbildung, der Standesdünkel gegenüber den Krankenpflegern und -schwestern, der Druck der Industriellen, die »die Wirtschaft am Laufen halten«, das Vertrauen der Patienten in die »Macht der Wissenschaft« sowie eine ganze Reihe anderer Faktoren, deren Aufzählung ich mir erspare. Um nämlich allein den zuletzt genannten Punkt wirklich zu verstehen, d. h. um zu verstehen, wie es zu dem Widerspruch kommen kann, daß die Patienten auf der einen Seite nur den Einsatz der allerbesten technischen Geräte wünschen, sie sich aber auf der anderen Seite damit einverstanden erklären, daß man sie im Krankenhaus wie Kinder, Dummköpfe oder Störenfriede behandelt, müßten eine ganze Reihe weiterer Faktoren genannt werden. Kurz gesagt, eine ganze Reihe von Machtfaktoren bedingen folgende erstaunliche Tatsache: Allem Anschein nach bestand das Ideal bei der Einlieferung in ein Krankenhaus darin, sein Gehirn zu Hause zu lassen und lediglich seinen Körper, »der sich in einem schlechten Zustand befindet«, ins Krankenhaus zu schicken.

Wenn man dem, was man weiß, keine Beachtung schenkt, dann bezeichnet man dieses Verhalten im allgemeinen als »irrational«. Und wenn diese Form der »Irrationalität« zutage tritt, dann drängt sich die Machtfrage geradezu auf. Stehen nämlich sowohl die im Labor erzielten Ergebnisse als auch die dort gewonnenen Erkenntnisse im Zentrum solcher Fragen, die das individuelle oder gesellschaftliche Leben betreffen, d. h. die Art und Weise, wie wir gedenken, unsere Zukunft, deren Gefahren und Verheißungen anzugehen, dann stellt sich eine einzige Frage, und zwar die der Macht. In den meisten Fällen stellt sich sogar die Frage der Verbindung unterschiedlicher Mächte, die sich durch ihr Interesse daran auszeichnen, daß man den Unterschied vergißt. Dieser ist aber mindestens ebenso gewichtig wie derjenige zwischen dem Stein, der die schiefe Ebene hinunterrollt, und dem Vogelflug. Letztlich ist das gleichbedeutend mit dem Unterschied zwischen Fragen, die deshalb interessant sind, weil sie die Möglichkeit eines Beweises bieten, der mittels eines Experiments erbracht wird, oder weil sie das Leben der Menschen betreffen.

B. Verstümmelung des Denkens

Wir dürfen uns nicht wundern, daß der Horizont unserer Kenntnisse mit Unternehmungen verbaut ist, die für sich selbst genau die Macht beanspruchen, der die Experimentalwissenschaft nach landläufiger Meinung ihre »Objektivität« verdankt. Dieser Sachverhalt erklärt sich aus dem Umstand, daß kein Unterschied zwischen den verschiedenen Fragestellungen gemacht wird und die Vorstellung vorherrscht, daß jedes Problemfeld, das mit bestimmten Kenntnissen, möglicherweise durchzuführenden Maßnahmen oder zu bewältigenden Gegebenheiten im Zusammenhang steht, eine Angelegenheit für *die* Wissenschaft ist.

Es gibt Wissenschaften, die von sich behaupten, objektiv zu sein, in Wahrheit aber nichts anderes tun, als beliebige Daten zu sammeln bzw. irgendwelche Zahlen bürokratisch abzuwickeln. Alles ist meßbar, solange man sich nicht die im Labor eigentlich unerläßliche Frage stellt, was die betreffende Größe bedeutet, wofür sie steht, was sie beweist. Besagte Wissenschaften basieren auf dem Kult, den sie der »Methodologie«, der »wissenschaftlichen Methode« angedeihen lassen. In Wahrheit ist das aber auch schon alles, worauf sie sich berufen können, denn sie entwickeln nicht ihre eigenen Fragestellungen. Sie sind zum Beispiel nicht dazu imstande, eine gute repräsentative Auswahl zu treffen, die Zuverlässigkeit eines statistischen Ergebnisses zu bewerten oder sicherzustellen, daß die gesammelten Daten nicht systematisch verfälscht werden. Diese Form von Wissenschaft profitiert von der Entwicklung statistischer Instrumentarien sowie von der Rechenleistung der Computer. Sie hat jedoch nichts, rein gar nichts mit der schöpferischen Praxis der Experimentalwissenschaften gemein. Das nach den Prinzipien dieses Wissenschaftsverständnisses zustande gekommene Ergebnis wird das Herz eines Wissenschaftlers niemals höher schlagen lassen, der sich die Frage stellt, ob er eine »gute« Fragestellung entwickelt hat, ob er einen Gesichtspunkt herausgearbeitet hat, den seine Kollegen nicht unberücksichtigt lassen können (3. D). Man bekommt immer mehr Resultate geliefert, die gegebenenfalls »wertvolle Hinweise« geben, genauso gut können sie aber auch die eigentlichen Probleme verschleiern, so daß sie »gegebenenfalls« ihrerseits zu etwas höchst Problematischem werden.

Die eine Zahl kann eine andere verbergen oder eine Fragestellung verschleiern, die sich nicht in Zahlen fassen läßt. So *können* beispielsweise die Statistiken über schulische Mißerfolge den Umstand verschleiern, daß immer ein Zusammenhang besteht zwischen der Funktion von Schule einerseits und den Aussichten, die die Schule eröffnet, andererseits, d.h. insbesondere den Aussichten, die einem die entsprechenden Abschlüsse eröffnen. Das trifft selbst dann zu, wenn besagte Statistiken den wirtschaftlichen und gesellschaftlichen Status der Eltern berücksichtigen. Dagegen ist es geradezu deren Aufgabe, Fragen wie die folgenden außer acht zu lassen, weil sie mit dem Stigma der »Subjektivität«, der Unwissenschaftlichkeit gezeichnet sind: Wie kommt es, daß eine Klasse »gut funktioniert«? Wie ist es zu erklären, daß ein Lehrer dazu imstande ist, seinen Schülern zu vermitteln, inwiefern es dem, was er ihnen beibringt, auch tatsächlich gebührt, von einer Generation an die nächste weitergegeben zu werden? Es gibt keine Zahlen, die Antworten auf derartige Fragen enthielten, und trotzdem sind sie alles andere als rein »subjektiver« Natur. Sie betreffen – zumindest teilweise – das gesamte Ausbildungs-, »Verwertungs-« und Kontrollsystem. Dessen Ziel besteht darin, den Lehrenden entweder der dreifachen Autorität, der des Wissens, der der »Pädagogen« und der der Verwaltung zu unterwerfen, oder ihnen Mittel an die Hand zu geben, das zu schaffen, was ihre Rolle von ihnen erfordert. Wenn es heute »gute Lehrer« gibt, dann ist das eher trotz, nicht dank derjenigen Dinge und Personen so, die ihnen ihre Arbeit angeblich erleichtern sollen (4. D).

Man muß den Mut haben anzumerken, daß hier die Urteile, auf deren Grundlage man festlegt, was sich objektiv bewerten oder kontrollieren läßt und wo dies nicht der Fall ist, dazu beitragen, das Denken zu verstümmeln, die Probleme herunterzuspielen und Fragen zu unterbinden. Darüber hinaus muß man auch noch den Mut haben anzuerkennen, daß es wohl Wissenschaften gibt, die diese Form der Denkverstümmelung regelrecht zur Voraussetzung haben. Im Fall der Statistiken kommt es nur dann auch wirklich zu dieser Verstümmelung, wenn der Statistiker glaubt, das zu bestimmen, was allein »zählt«, d. h. die einzig »wahren« Probleme. Im Vergleich hierzu verursachen solche Wissenschaften, die bestrebt sind, all das den Laborbedingungen, der Beweisführung mit Hilfe von Experimenten zu unterwerfen, was sich ihnen eigentlich nur mittels Gewalt unterwerfen läßt, ganz direkt eine doppelte Verstümmelung: eine Verstümmelung des Forschungsgegenstandes und eine des Forschers bzw. der Forscherin.

Nehmen wir eine Ratte in einem Labor für Verhaltenspsychologie, die es an den Universitäten massenhaft gibt: Die Ratte ist in einen Kasten gesperrt, wo sie Futter erhält, wenn sie auf einen Fußhebel drückt. Diese Ratte – das belegen Untersuchungen zum Verhalten von Ratten in ihrer »natürlichen« Umgebung – ist in Wahrheit verstümmelt, denn sie ist in einem künstlichen Universum gefangen, in dem sämtliche ihrer Strategien, mit deren Hilfe sie sich darin »zurechtfinden« kann (was auch immer dieses Wort für eine Ratte bedeuten mag), nicht mehr greifen. Sie wird zu einem Verhalten gezwungen, das lediglich Rückschlüsse auf die Beobachtungs- und Analysebedingungen ermöglicht, nicht aber darauf, was dazu führt, daß sich eine Ratte wie eine Ratte verhält. Dementsprechend gibt es, abgesehen von quantitativen Differenzen, bei einem derartigen Experiment nichts, was einen Hinweis darauf enthält, ob man sich nun eigentlich mit einer Ratte oder beispielsweise einer Taube beschäftigt. Es handelt sich also um zwei Lebewesen, die in ihrer »natürlichen« Umgebung nicht besonders viel miteinander zu tun haben. Anders ausgedrückt, ob nun Ratte, Taube oder irgendein anderes Versuchstier – sie alle sind Opfer von Machtmißbrauch. Derjenige, der das Experiment durchführt, hat nämlich beschlossen, sie einem System zu unterwerfen, das der Frage entspricht, die er sich stellt. Die Tiere verfügen nicht über die Fähigkeit, die Triftigkeit dieser Frage zu problematisieren, d. h. deutlich zu machen, daß eine Ratte und eine Taube eben nicht dasselbe sind. Sie dienen einem System, dessen Funktion darin besteht, quantifizierbare Größen zu erzeugen.

Wenn die Menschen einem solchen System unterworfen werden, wenn man von ihnen – im Namen der Wissenschaft – verlangt, eine für sie vollkommen sinnlose Handlung auszuführen, dann gibt es zwei mögliche Reaktionsweisen: Entweder sie verweigern sich, oder sie leisten Gehorsam. Denn sie denken ja, »daß die Wissenschaftler es schließlich besser wissen müssen«. Damit verzichten sie »im Namen der Wissenschaft« letztlich also freiwillig darauf, ihren eigenen Verstand zu benutzen, sie verzichten auf ihre Fähigkeit, begreifen zu wollen, was mit ihnen geschieht. Falls diese Unterwerfung eine Voraussetzung für das Experiment ist, anders ausgedrückt, falls das »Subjekt«, damit das Experiment überhaupt unanfechtbar ist, nicht davon in Kenntnis gesetzt werden darf, was der Wissenschaftler eigentlich vorhat, dann ist dieses Subjekt – nicht anders als die Ratte oder die Taube – im Namen der Wissenschaft »verstümmelt«. Das belegt die Tatsache, daß man bereit ist, so weit zu gehen, dieses Subjekt hinsichtlich des Vorhabens eines wissenschaftlichen Experiments zu täuschen oder das Experiment so anzulegen, daß es egal ist, ob das Subjekt etwas versteht oder nicht (beispielsweise die Auflistung einer ganzen Reihe von sinnlosen Begriffen aus dem Gedächtnis heraus). Seine Fähigkeit, einen Standpunkt zu entwickeln, zu interpretieren, was mit ihm geschieht, sich zu fragen, was man von ihm will, kurz gesagt, diese spezifische Fähigkeit, die einen Menschen aus ihm macht, wurde als etwas der wissenschaftlichen Praxis »Hinderliches« definiert. Demzufolge wurde sie ausgeschaltet. Der Mensch zeichnet sich also durch seine Unterwerfung aus, die zur Voraussetzung für die Objektivität des Experiments wird.

Weder in dem Labor, wo Galilei die Gesetze des freien Falls von Körpern entwickelte, noch in dem, wo Pasteur die Mikroorganismen entdeckt hat, kommt die Beweisführung einer Verstümmelung gleich oder erfordert irgendeine Form von Unterwerfung bzw. Gehorsam. Aus eben diesem Grund ist die Tatsache, daß fallende Körper tatsächlich einem Gesetz unterliegen, daß sich die Funktionsweise von Mikroorganismen in einer Art und Weise nachweisen läßt, daß niemand mehr vernünftigerweise ihre Existenz bezweifeln kann, nicht mehr und nicht weniger als ein Ereignis. In solchen Labors aber, die Unterwerfung und blinden Gehorsam voraussetzen, kann es kein Ereignis geben. Es handelt sich um nichts anderes als die Ausübung eines Machtverhältnisses, eines einseitig auf die Tiere ausgeübten Zwangs, das auf einem Herrschafts-, Autoritäts- bzw. Vertrauensverhältnis der Menschen zur »Wissenschaft« basiert.

Dementsprechend haben Galilei und Pasteur die Verpflichtung, ihr System mit allen nur erdenklichen Fragen zu konfrontieren. Sie müssen das System äußerst gewissenhaft daraufhin überprüfen, ob es nicht selbst das Ergebnis bedingt. Sie müssen herausfinden, ob es nicht vielleicht einen versteckten Fehler gibt, der die Voraussetzung für eine Aussage wie die folgende schafft: Wenn sie auf diese Art und Weise vorgehen, dann erzielen sie selbstverständlich das besagte Ergebnis, aber es beweist in Wahrheit rein gar nichts, weil sie selbst es unbeabsichtigt fabriziert haben. Hätten die beiden es nicht getan, würden andere es an ihrer Stelle getan haben, und sie wären in der Kontroverse unterlegen gewesen. So bemerkte Pasteur gegenüber seinem Kontrahenten Pouchet, dem Anhänger der Urzeugung (2. A), der behauptete, daß es in seinem Labor Nährflüssigkeiten gäbe, die, obwohl sie so stark erhitzt seien, daß alle Mikroorganismen abgetötet sein müßten, trotzdem gären würden – womit die Urzeugung bewiesen wäre –, Pasteur bemerkte also, daß Pouchet selbst sein Experiment »unbeabsichtigt« verfälscht haben müßte. Das wäre dadurch möglich, daß er die Mikroorganismen in genau dem Moment eingeschleust hätte, in dem er die Röhrchen nach dem Sieden öffnete. Das Leben, das Pouchet beobachtet hatte, bewies nichts, weil er selbst für dessen Vorhandensein verantwortlich war.

Demgegenüber gibt es durchaus Fragen, die sich mit Hilfe eines Labors für Verhaltenspsychologie schlichtweg nicht beantworten lassen, worüber sich auch alle kompetenten Psychologen im klaren sind. Was lehrt uns die in Gefangenschaft lebende Ratte über die in Freiheit lebende? Inwiefern ist ihr Verhalten auf den Zwang zurückzuführen, dem sie unterliegt? Dennoch werden bei derartigen Fragen nicht wenige mit den Achseln zucken. Beweisen sie nicht eindeutig, daß man nicht verstanden hat, was Wissenschaft eigentlich ist, die doch nur meßbare Fakten berücksichtigen darf. Selbst der Wissenschaftler muß sich im Namen der Wissenschaft »verstümmeln«. Er ist gezwungen, sämtliche Fragen zu vergessen, die er nicht stellen darf. Er muß gegebenenfalls die Panik der Ratte genauso übersehen wie ihr Leiden, wenn sie Elektroschocks erhält. Er muß leugnen, daß irgendein Zusammenhang bestehen könnte zwischen dem Leiden, das er verursacht, und dem, was er persönlich möglicherweise empfinden würde, wenn er selbst derartige Experimente über sich ergehen lassen müßte. Das wissenschaftliche Verfahren erfordert im vorliegenden Fall vom Wissenschaftler, daß er empfindungslos und wenig neugierig ist. Und die Geschichte hat gezeigt, daß sie eine beängstigende Nähe zwischen Forschern und Folterern herzustellen vermag. Derjenige, für den es zur Gewohnheit geworden ist, die Unterwerfung des anderen zu fordern und sie als eine Voraussetzung für sein eigenes Wissen anzusehen, kann durchaus der Faszination für Situationen erliegen, in denen man einen Menschen »am Ende« genauso behandelt wie eine Ratte oder eine Taube.

C. Die Demoralisierung der Macht

Versucht man, sich mit den Wissenschaften in der Weise auseinanderzusetzen, wie wir es hier tun, dann kommt das folgendem Versuch gleich: Man versucht sich vorzustellen, daß die »Unterwerfung«, durch die eine Privilegierung der Laborerkenntnisse stattfindet, sowie die daraus resultierende Tatsache, daß diese Erkenntnisse zuverlässige Antworten auf die Fragen geben, die man ihnen stellt, nicht zum allgemein gültigen Modell werden. Damit würde verhindert werden, daß sich sämtliche Mächte (die alle ein Interesse daran haben, die von ihnen angewandten Unterwerfungsverfahren unsichtbar, zu etwas regelrecht Natürlichem zu machen) um dieses Modell herum zusammenschließen.

Hierzu ist es keinesfalls nutzlos, das Außerordentliche des Ereignisses hervorzuheben, das in der Entwicklung einer experimentellen Praxis liegt. Denn schließlich gründen sowohl die besagte Unterwerfung als auch die Objektivität, auf die das mit Hilfe von Experimenten geschaffene Wissen Anspruch erheben kann, auf eben dieser Entwicklung. In dem Maße, in dem das Phänomen, das Gegenstand des Experiments ist, alle Prüfungen über sich ergehen lassen kann, die die Zuverlässigkeit des hierdurch erbrachten Beweises belegen, läßt sich ein solcher Beweis auch als »objektiv« bezeichnen. Hierüber besteht Einigkeit bei all jenen, die ihn einer entsprechenden Prüfung unterziehen dürfen.

Es gibt noch ein weiteres Verfahren, das genauso brauchbar ist. Hierbei geht es darum, nach Möglichkeit dem Traum vom Fortschritt eines mit Hilfe von Experimenten gewonnenen Wissens einen Dämpfer zu versetzen. Es handelt sich um ein Wissen, das sämtliche Fragen, mit denen wir die Phänomene konfrontieren, abdeckt. Solange dieser Traum nämlich seine Macht bewahrt, hemmt er die Entwicklung eines Wissens in dem einen oder anderen Bereich, das diesen Namen auch verdient. Das verstümmelte und verstümmelnde Wissen, das »mangels Alternative« diesen Bereich besetzt, verfügt demnach über die Macht, die »ketzerischen« Anstrengungen, mittels derer sich das »neue Wissen« zu etablieren versucht, als »nicht-objektiv« bloßzustellen und zu verbannen.

Allerdings geht es nicht darum, dem mit Hilfe von Experimenten gewonnenen Wissen Beschränkungen aufzuerlegen, den Bereich festzulegen, in dem es für immer jeglichen Einfluß verloren hat. Denn weder dem Ereignis noch der Erfindung lassen sich Beschränkungen auferlegen. Vielmehr muß betont werden, daß ein Ereignis immer ein Ereignis bleiben wird. Es handelt sich ja um die Erfindung einer begrenzten, ausgewählten, unerwarteten Herangehensweise. Nie jedoch um eine »im Grunde genommen mit Hilfe eines Experiments gewonnene«, »im Grunde genommen objektive« Antwort auf die Fragen, die uns beschäftigen. Anders ausgedrückt, nichts spricht dagegen, daß die mit Hilfe eines Experiments gemachte Entdeckung eines Tages beispielsweise auch in denjenigen Bereich vordringt, den wir als den Bereich der »Wissenschaften vom Menschen« bezeichnen. Die betreffenden Entdeckungen wären freilich keine Antworten auf die Fragen, die wir uns stellen, sondern sie würden vielmehr unerwartete und zusätzliche Dimensionen aufzeigen, die unsere Fragen gleichermaßen komplizierter und vielschichtiger werden ließen.

Genauso stellt sich zum Beispiel die Situation bei der kognitiven Psychologie dar, die sich mit der als »Lesen können« bezeichneten Tätigkeit befaßt. Jemand, der lesen kann, »liest« buchstäblich »wie er atmet«. Es handelt sich geradezu um einen Automatismus. Sobald man eine Buchstabenfolge sieht, liest bzw. versucht man unweigerlich, ein Wort zu lesen, und zwar vollkommen unabhängig von den äußeren Umständen. So verstanden ist »Lesen« etwas, das mir passiert, dem ich »unterworfen« bin. Demzufolge ist es auch nicht weiter erstaunlich, daß die Darstellung der Funktionsbedingungen dieser geradezu automatischen Beziehung zu Buchstaben und Wörtern interessante Ergebnisse zu zeitigen vermag. Allerdings stehen diese Ergebnisse in keinem unmittelbaren Zusammenhang mit der Frage, die uns hier in erster Linie beschäftigt: die des Erwerbs von Fähigkeiten. Nichts berechtigt zu der »Hoffnung«, daß die im Versuch gewonnenen Erkenntnisse über das »Lesen können« sich tatsächlich als Leitlinien für »die Kunst des Lesenlernens« eignen. Denn in Wahrheit ist das Lesenlernen alles andere als etwas Automatisches. Die Kunst des Lesenlernens setzt bekanntermaßen exakt diejenigen kulturellen, affektiven und gesellschaftlichen Beziehungen voraus, derer das »Lesenkönnen« nicht bedarf. Denn das »Lesenkönnen« ist eine Fähigkeit, deren Eigenart gerade darin besteht, daß sie vollkommen unabhängig von den äußeren Umständen funktioniert. Auf diesen Sachverhalt reagieren die Fachleute nicht zuletzt deshalb häufig mit der Bemerkung, daß »man einfach beginnen muß, um später den Schwierigkeitsgrad langsam zu steigern«, weil sowohl die für sie bewilligten Mittel als auch ihr Ansehen darauf zurückzuführen sind, daß sie die Hoffnung auf Lernfortschritte nähren. Diese ermutigende Vorstellung kaschiert die Tatsache, daß die im Labor analysierbaren Situationen nicht nur unkompliziert sind. Sie sind vielmehr ganz direkt mittels einer Begrifflichkeit von Fragen definiert, die von dieser Einfachheit profitieren. Das Labor profitiert von dem Umstand, daß das »Lesenkönnen« fast automatisch und relativ unabhängig von den äußeren Umständen ist, insbesondere von denen, die das Experiment notwendig macht. Die Vorstellung von der Aneignung einer Steigerung des Schwierigkeitsgrades läßt dieses »kleine Problem« unberücksichtigt.

Dennoch stellt das mit Hilfe von Experimenten gewonnene Wissen für uns in jedem Fall eine Bereicherung dar. Es zeigt nämlich, wie komplex das scheinbar so einfache Gefüge dieser Fertigkeit in Wahrheit ist, sobald sie »erworben«

wird. Mittels dieses Wissens ist es möglich, den Lehrern einen durchaus nützlichen Respekt vor der wunderbaren Leistung, der außergewöhnlichen Anstrengung einzuflößen, die sie ihren Schülern abverlangen, wenn sie ihnen »Lesen beibringen« wollen. Im vorliegenden Beispiel ist das mit Hilfe von Experimenten gewonnene Wissen also deshalb fruchtbar, weil es unser Urteil – »dieser Schüler ist ein Dummkopf, er lernt es nie« – differenzierter werden läßt. Es steht der Unmenschlichkeit solcher Methoden entgegen, die zu behaupten wagen, daß es ganz »natürlich« ist, lesen zu lernen.

Die Macht – im vorliegenden Fall die der Pädagogen – läßt sich demnach in zweifacher Hinsicht »demoralisieren«. Einerseits werden sämtliche Werturteile in bezug auf den »normalen« Wissenserwerb, der sich durch die strukturierte Aneignung eines Wissens auszeichnet, bei der jede Stufe die nächst höhere Stufe vorbereitet, in Frage gestellt. Dieser angeblich normale Wissenserwerb verliert insofern seine »moralische« Evidenz, als die Moral vermittelt, was »normal« und »gut« ist. Lesen zu lernen ist überhaupt nichts Normales. Andererseits kann der »demoralisierte« Pädagoge möglicherweise zu der Einsicht gelangen, daß die Besonderheit seines Arbeitsbereiches, d. h. des Wissenserwerbs, gerade darin besteht, daß man eben nicht von den affektiven, beziehungsmäßigen, kulturellen oder gesellschaftlichen Umständen absehen darf. Anders ausgedrückt, die Pädagogik wird niemals den von ihr angestrebten Status erreichen, d. h. den einer »objektiven« Disziplin: Sie kann nie den eigenen Ruhm damit begründen, daß die von Subjektivität beeinträchtigte Fertigkeit des Lehrers »überwunden« wird, um Verfahren vorzuschreiben, die, vollkommen unabhängig von den Umständen, mächtig genug sind, um die Tätigkeit des Lehrers festzuschreiben.

Das Ereignis, das der Erwerb von Wissen mittels eines Experiments darstellt, kann – in dem Maße, in dem es das ermittelt, identifiziert und auswertet, was sich hernach als »tatsächlich einfach« bezeichnen läßt – insofern die Macht demoralisieren, als besagtes Ereignis als Ereignis gewürdigt wird. Anders ausgedrückt, es ist möglich, die Macht zu demoralisieren, wenn die außergewöhnliche, nicht verallgemeinerbare Natur der Einfachheit zutage tritt, die das Ereignis zu dem macht, was es ist. Der Leitgedanke, daß »man einfach beginnen muß, um später den Schwierigkeitsgrad langsam zu steigern«, ist ein für die Macht typischer Leitgedanke. Er ist geradezu lebensnotwendig für sie, denn sie ist darauf angewiesen, daß nichts von dem offensichtlich wird, was ihre Vorgehensweise in irgendeiner Weise behindern könnte. Demnach ist es die Macht, die ein Interesse daran hat, daß derartige Hemmnisse geächtet, als etwas nur Vorläufiges und Wechselhaftes definiert werden, die aus dem Weg zu räumen die Aufgabe des wissenschaftlichen Fortschritts ist. Der Wissenschaftler, der sich diesen Leitgedanken zu eigen macht, ist, unabhängig von seinen Absichten, Überzeugungen oder guten Vorsätzen, gefährlich. Er kann sich – was oftmals auch geschieht, wenn seine Forschung wirklich innovativ ist – dazu veranlaßt fühlen, die Besonderheit der Situation zu »vergessen«, der er seine neue Entdeckung und damit die Finanzierung seiner Forschungsarbeit zu verdanken hat. Demnach läuft er Gefahr, sich zynisch zu verhalten: Wenn diejenigen, die für die Gewährung der finanziellen Mittel zuständig sind, wollen, daß man ihnen das Blaue vom Himmel verspricht, warum sollte er es dann nicht tun? Im Interesse der finanziellen Absicherung seiner Forschungsarbeit macht er sich freiwillig zum Verbündeten der Macht. Er ist bereit, sich den Leitgedanken zu eigen zu machen, von dem andere, die nicht innovativ sind, einen Nutzen haben. Denn die Devise, daß »man einfach beginnen muß ...« mitsamt ihrer unterschwelligen Moral der großen Demut, des anständigen Wissens, das ganz tugendhaft seine eigenen Grenzen anerkennt, ist zugleich auch die

Devise all derer, die das, womit sie es zu tun haben, »vereinfachen«, verstümmeln, zu einer Art unkenntlich gewordenem Ektoplasma reduzieren. Sie soll bekunden, daß die von ihnen selbst ausgeübte Macht legitim und moralisch ist.

Die Demoralisierung der Macht beinhaltet also stets eine Unterscheidung zwischen der Machtausübung einerseits – die vereinfacht, ausschließt, urteilt – und dem Ereignis andererseits. Dieses ist gleichbedeutend mit der Entdeckung einer Möglichkeit zum Urteil, zur Übertragung der Macht an ein Phänomen, »objektiv« den Beweis für ein anderes Phänomen zu erbringen. Mit anderen Worten, die Demoralisierung der Macht erfolgt durch die Feststellung, daß kein interessantes Wissen existiert, das aus eigenem Antrieb einen »einfachen« Anfang genommen hat. Selbst wenn im nachhinein die Einfachheit des Gegenstandes aufgezeigt werden konnte, mit dem es sich befaßt, so zeichnet sich doch jedes interessante Wissen von Anfang an durch seine *Verflechtung* aus. Sein Ausgangspunkt ist immer die Entdekkung solcher Fragen, die die Besonderheit des Gegenstandes belegt, mit dem es sich beschäftigt.

Inwiefern ist das, was Sie darlegen, für unser Problem von Belang? Weil solche Wissenschaftler, die an den Ergebnissen einer anderen Wissenschaft interessiert sind, wissen, daß sie befugt sind, diese Frage zu stellen, bringen sie fruchtbare Verknüpfungen mit dieser Wissenschaft zustande. Und da die mögliche Verflechtung immer auch Bedeutungsverschiebungen und neue Maßstäbe mit sich bringt, kann es zur Ausarbeitung neuer Fragestellungen, neuer Überprüfungen kommen, denen die mögliche neue Verbindung standhalten muß. Die Vertrauenswürdigkeit von Wissenschaften, aufgrund derer wir nicht mehr an der Existenz des »Elektrons« oder der »Bakterie« zweifeln können (2. B), weil zu viele Wissenschaftspraktiken sich vollkommen unabhängig voneinander darauf beziehen, resultiert aus dem Umstand, daß jede einzelne dieser Wissenschaftspraktiken sich nicht der

Macht des »Einfachen« unterworfen, sondern sich im Gegenteil der Verflechtung zugewendet hat. Das schließt auch die Möglichkeit ein, daß die Theorie der einen Wissenschaftspraxis einen erheblichen Einfluß auf die eigenen Fragestellungen besitzt. Nach demselben Prinzip verfahren Industrieunternehmen, wenn sie sich für ein wissenschaftliches Ergebnis interessieren – zum Beispiel ein Pharmaunternehmen, das sich möglicherweise für ein Molekül interessiert, das für den Stoffwechselprozeß im Gehirn wichtig ist (2. D). Mit dem einzigen Unterschied, daß die Kriterien für die Stichhaltigkeit bei Industrieunternehmen noch vielfältiger sind: die Höhe der Investitionen, die Frage der Patente, der Unternehmensstrategie oder der Position von konkurrierenden Unternehmen spielen eine genauso große Rolle wie der mögliche Vorteil, das dieses neue Medikament den Kranken bringt.

Die Frage der Stichhaltigkeit ist in dem Sinne keine moralische, als die Moral die Einzelinteressen im Namen eines wie auch immer gearteten Gemeinwohls transzendiert. Sie ist sogar im Gegenteil parteiisch und insofern amoralisch. Aber dafür ist sie eine aktive, geistreiche Frage, die Verbindungen und Beziehungen hervorbringt, die nicht die Unterwerfung der einen unter die andere Ansicht erfordern. Aus diesem Grunde läuft sie den Mächten zuwider, die sich sowohl hinter der Maske der Moral verbergen als auch hinter der des Gemeinwohls – das als den »Gruppeninteressen« übergeordnet angesehen wird – oder der des objektiven Fortschritts, von dem man glaubt, er würde die zu sehr ihrer Eigentümlichkeit verhafteten Meinungen ändern. Wenn man den Mut aufbringt, die Frage zu stellen, inwiefern das, was einem dargelegt wird, für das eigene Problem von Belang ist, dann handelt es sich hierbei um eine Methode, mit der man die Macht demoralisiert.

D. Dem Fortschritt mißtrauen

Der Gegensatz zur »Stichhaltigkeit«, d. h. die »Bedenkenlosigkeit« bzw. »Belanglosigkeit« hat zwei vollkommen entgegengesetzte Sinngehalte. Positiv gewendet steht der Begriff für Mut: Man bricht mit den herrschenden Gewohnheiten und Normen, um das offenbar werden zu lassen, was verheimlicht werden mußte; »der König ist nackt«, sagt das freche Kind. Aber es kann auch für eine Frage oder einen Weg stehen, die zu nichts führen und nichts als fruchtlose Fragen oder belanglose Grundsätze hervorbringen. Und genau das meinen die modernen Evolutionsbiologen, wenn sie behaupten, daß die Ideale einer Wissenschaft, die über die Macht des Urteils verfügt, für ihre eigene Wissenschaft ohne Belang ist, daß diese Ideale für sie sogar reines Gift gewesen sind. Indem sie das behaupten, tragen die Evolutionsbiologen – gemäß dem positiven Sinngehalt – dazu bei, die Verknüpfung von Wissenschaft und Macht zu zerstören.

Der Fall der Evolutionsbiologie ist deshalb wichtig für meine These, weil damit zugleich ein Bereich ins Auge gefaßt werden kann, der ganz entscheidende Fragestellungen enthält – Was versetzt einen dazu in die Lage, Kenntnis von der Geschichte der Lebewesen auf der Erde zu erlangen? Wie läßt sich der Fortschritt verstehen, der die Entwicklung des Menschen bedingt hat? – sowie eine inzwischen alte Wissenschaft. Eine Wissenschaft, die seit jenem entscheidenden Jahr 1859, in dem Darwin seine Arbeit »Über die Entstehung der Arten« verfaßte, reichlich Gelegenheit hatte, die Auswirkungen der Ideale einer Prüfung zu unterziehen, die Wissenschaft und Macht verbinden.

Zunächst ist der »Sozialdarwinismus« zu nennen, dessen Ziel es war, die gesellschaftlichen Ungleichheiten mittels Konkurrenzkampf und Anpassungsfähigkeit zu rechtfertigen. Dann die Soziobiologie oder die moderne Evolutionsbiologie der Gefühle, die behaupten, daß der Ursprung jeder menschlichen Eigenschaft in einem Anpassungsvorteil gründet, der sich einem entsprechenden Selektionsprozeß verdankt. Darwins Evolutionstheorie hat tatsächlich solchen Theoretikern als willkommener Bezugspunkt gedient, die Thesen entwickeln wollten, die deshalb »objektiv«, neutral in bezug auf die menschlichen Werte sind, weil diese Werte, so wie alles andere auch, letztlich der Evolution entsprängen. Dagegen – und ich verweise hier auf die zahlreichen Buchveröffentlichungen von Stephen J. Gould – steht die Geschichte der fruchtbaren Fragen und innovativen Praktiken der darwinistischen Biologen selbst auf einem völlig anderen Blatt. Die eigentliche Neuerung Darwins bestünde demnach darin, Begriffe, die normalerweise dem »Urteil« dienen – Begriffe wie »Konkurrenzkampf«, »Anpassung«, »Überlegenheit« usw. –, in einfache »Bezeichnungen« für ausnahmslos besondere, lokale, von den Umständen abhängige Probleme verwandelt zu haben. Es sind Probleme, die demjenigen, der sie nachzeichnet, in keinem Fall die Macht der Verallgemeinerung zukommen lassen.

Worin besteht die »Überlegenheit«? Lange Zeit ist das Aussterben der Dinosaurier fast moralisch begründet worden: Sie seien langsam gewesen, nicht intelligent, nicht anpassungsfähig und hätten eine echte Sackgasse der Evolution dargestellt. Es wäre nur folgerichtig gewesen, daß die schnellen, geistreichen, über viele Fähigkeiten verfügenden Säuger, die (wie wir Menschen) ihre relativ geringe Körpergröße durch ihre Anpassungsfähigkeit ausgleichen, sie verdrängt hätten. Mittlerweile ist an die Stelle dieser moralischen Fabel eine durch und durch amoralische Geschichte getreten. Das Aussterben der Dinosaurier ist die Folge einer Entwicklung (vielleicht des Einschlags eines Meteorits oder einer Klimaveränderung), die in überhaupt keinem Zusammenhang mit deren »Fähigkeiten« steht. Diese Entwicklung bietet einem jedenfalls nicht die Möglichkeit, sie zu beurteilen. Man muß sich auf die Feststellung beschränken, daß der Erfolg der Säuger (der deshalb für uns von Belang ist, weil wir selbst welche sind) sicherlich das plötzliche Verschwinden eines Großteils der Tiergattungen zur Voraussetzung hatte, die vor 66 Millionen Jahren die Erde bevölkerten. Kurz gesagt, sowohl das Aussterben der Dinosaurier als auch der Erfolg der Säuger sind Teil einer Entwicklung, nicht aber einer moralischen Erzählung.

Die außergewöhnliche Fruchtbarkeit der historischen Forschung in Hinblick auf die biologische Evolution ist nicht mit dem Bewußtsein von einer Macht verknüpft, diese Evolution im Zusammenhang mit Modellen zu erklären bzw. interpretieren, die die Vielzahl der Einzelfälle unberücksichtigt ließe. Genauso wenig ist sie ausschließlich auf die Kritik an der Erklärungsmacht, auf Erkennen und Eliminierung des Giftes zurückzuführen. In bezug auf unser Beispiel bedeutet es eine Versuchung der Macht (beispielsweise die Versuchung, die Erdgeschichte aus einer »moralischen« Geschichte herzuleiten, aus der »der Bessere als Sieger hervorgeht«). Die Fruchtbarkeit resultiert vielmehr aus dem Umstand, daß die von den Biologen nachgezeichnete Entwicklung von Lebewesen in dem Augenblick interessanter wurde, als sie nicht mehr moralisch interpretiert wurde. Sie wurde es deshalb, weil sie demjenigen, der sie nachzeichnete, eine deutlich größere Neugier, ein Gespür für Einzelheiten sowie eine Aufgeschlossenheit für das Unerwartete abverlangte. Sind die darwinistischen Geschichten von der Macht vergiftet, dann klingen sie eintönig. Die Sieger waren zwangsläufig Sieger, die Verlierer eben zwangsläufig Verlierer. Jede beliebige Eigenschaft, die einer lebenden Gattung heute zu eigen ist, muß zur Verbesserung der Überlebenschancen ihrer entfernten Ahnen beigetragen haben. Will man den Status der »Wissenschaftlichkeit« erlangen, braucht man nur eine plausible Hypothese in bezug auf das Wesen dieser Verbesserung zu formulieren (eine »just so story«, wie die Amerikaner unter Bezugnahme auf das

Buch von Rudyard Kipling sagen, wo diese Form der »Erklärung« ihre Lächerlichkeit offenbarte). Demgegenüber sind solche Darstellungen, in denen die Macht, die alles antizipiert, die weiß, was man zu erwarten und wie man etwas darzustellen hat, echte »Romane«. Hier gibt es kein einziges »Ereignis«, das allein über die Macht verfügt, unabhängig von dem Geflecht der Verhältnisse irgend etwas zu »verursachen«. Anders ausgedrückt, jedes Ereignis bezieht seine Identität aus der Geschichte, in die es eingebunden ist, genau wie bei jedem beliebigen Kriminalroman. Zudem kann die Handlung jedes Kriminalromans – auch wenn immer ein Verbrechen stattgefunden haben muß, es also einen Schuldigen geben muß, den es zu finden gilt – manchmal offen sein oder zumindest scheinen. Trotzdem ist es auch für den darwinistischen Ansatz sehr riskant, eine Beziehung zwischen einer Charaktereigenschaft und der Selektion herzustellen. Und es ist gerade die Fähigkeit, mit diesem Risiko angemessen umzugehen, die das Wissen der »Historiker des Lebens« zu einem tatsächlich wissenschaftlichen macht. Es zeichnet sich dadurch aus, daß die Arbeitsergebnisse des einen die anderen dazu zwingt, neue Fragestellungen zu entwickeln. Die »darwinistischen Historiker« konfrontieren sich gegenseitig mit Fragen, die dazu beitragen, daß sie weniger anfällig für Verallgemeinerungen und aufmerksamer gegenüber der Vielzahl von Situationen und Verhältnissen sowie der Vielschichtigkeit von Ursachen werden. Sie regen sich gegenseitig dazu an, ausgereiftere und interessantere »Modelle« zu entwickeln.

Die Wissenschaftspraxis der darwinistischen »Historiker«, jener Modellbaumeister, ist nunmehr dieselbe wie diejenige der Spezialisten für die Erdgeschichte mit ihren Meeren, ihrer Atmosphäre und ihrem fruchtbaren Boden. Und seitdem Raumsonden genaue Meßdaten über die anderen Planeten des Sonnensystems übermitteln, wissen wir, daß man auch in diesem Fall die Fähigkeit zum Geschichtenerzählen vermitteln muß. Das, was ein Planet ist, läßt sich genauso wenig von seiner Größe, seiner Dichte oder seiner Entfernung zur Sonne ableiten, wie die Lebewesen auf eine wie auch immer geartete Theorie der Anpassung zurückführbar sind.

Mit anderen Worten, es gibt jetzt wirklich an der »Demoralisierung« von Macht interessierte Akteure, die beachtenswert und innovativ sind und neue anregende Verbindungen mit der Welt herstellen. Das, wofür sich diese Akteure interessieren, hat überhaupt nichts mehr mit dem zu tun, was die Macht besäße, eine einzige Beweisführung durchzusetzen und alle Abweichungen von dem, was wir mit Hilfe unseres Urteilsvermögens zu antizipieren vermochten, als abwegig und abnorm zu bezeichnen. Die Natur, die sie entstehen lassen, ist ein vielschichtiges Gebilde aus Geschichten, die sich sowohl der Verallgemeinerung als auch der beschwichtigenden Moral des Fortschritts entziehen. Diese Historiker berichten uns also von den Risiken der Geschichte, unserer Geschichte. Sie führen uns vor Augen, wie ein bestimmter Faktor, den man möglicherweise für unbedeutend gehalten hat, Auswirkungen von ungeahntem Ausmaß haben, wie ein scheinbar nebensächliches Detail den alles entscheidenden Unterschied ausmachen konnte. Sie widersetzen sich aktiv der Fortschrittsmoral, der Unterscheidung zwischen den »Hauptentwicklungslinien«, denen wir vertrauen könnten, und den irrelevanten Störungen, die wir noch so lange ertragen müssen, bis alles endlich in Ordnung kommt. Vielleicht aber kommt überhaupt nichts »endlich in Ordnung«, genauso wenig wie es bei anderen der Fall war, zum Beispiel bei den Dinosauriern oder der Kabeljaupopulation vor der Atlantikküste Kanadas.

Die Wißbegierde der Spezialisten für die »Erdgeschichte« unterscheidet sich zwangsläufig von derjenigen der Wissenschaftler, die sich am »objektiven« Laborwissen orientieren. Diese müssen an irgendeine Art von Gesetzmäßigkeiten glauben. Aus diesem Grunde müssen beispielsweise die Wirtschaftswissenschaftler glauben, daß die Probleme der gegenwärtigen Krise nur vorübergehend sind, weil der Wirtschaftsmechanismus bisher »immer« alle Beschäftigungskrisen überwunden, immer wieder ein gewisses Gleichgewicht hergestellt hat. Der Spezialist für die Erdgeschichte dürfte bei einem solchen Argument nur mit der Achsel zucken, weil die viele Tausende oder gar Hunderttausende von Jahren umfassende Geschichte, mit der er sich beschäftigt, diese Form einer beruhigenden Moral nicht zuläßt. Die Art des Wissens, die er erzeugt, schärft vielmehr seine Aufmerksamkeit für die Unerbittlichkeit der Geschichte. Man denke nur an den Preis, der für die viel zitierten »Gleichgewichte« zu entrichten war, auf die sich der Wirtschaftswissenschaftler beruft. Im 19. Jahrhundert wurde hierfür beispielsweise die gesamte Arbeiterschaft geopfert, und zwar im biologischen Verständnis des Wortes, denn ihr war »keine Nachkommenschaft vergönnt«. Dieselbe Art des Wissens berücksichtigt zudem die Frage der unbeabsichtigten, ungewollten Folgen des menschlichen Tuns. Die Modelle, mit deren Hilfe man heute versucht, die Auswirkungen des sogenannten Treibhauseffekts abzuschätzen, das heißt die wahrscheinliche Erwärmung der Erdatmosphäre durch den vom Menschen verursachten CO_2-Ausstoß, wurden von Anfang an im wesentlichen von den »Spezialisten für die Erdgeschichte« entwickelt.

Nichtsdestoweniger reicht die Existenz dieses neuen Typs von Wissenschaftlern, dieser aktiven »Demoralisierer« unseres blinden Vertrauens in das, was wir als »Fortschritt« bezeichnen, bei weitem nicht aus. Denn das von ihnen entwickelte Wissen stößt ja an eine Grenze, die spätestens in dem Augenblick offensichtlich wird, wenn sich die Frage stellt: was tun? Nichts und niemand bereitet sie ausdrücklich auf diese Frage vor, denn sie drängt sich unseren Gesellschaften genau an der Stelle auf, wo diese sich von den historischen Entwicklungen unterscheiden, die die Wissenschaftler entschlüsseln. Sie drängt sich unseren Gesellschaften deshalb auf, damit diese, im Gegensatz zu den Dinosauriern, möglicherweise dazu in die Lage versetzt werden, den zukünftigen Risiken Rechnung zu tragen. Das Beispiel der »Spezialisten für die Erdgeschichte und ihre Bewohner« reicht, um zu zeigen, daß die Wissenschaften nicht per se den Normen der Beweisführung mittels Experiment unterworfen sind, daß weder die Macht des Verdikts noch die der Verallgemeinerung eine Voraussetzung für Wissen ist. Allerdings ist dies das einzige aussagekräftige Beispiel. Derer bedarf es noch viel mehr, wenn die Wissenschaften zu einem echten Träger von »Vernunft« in unserer Geschichte werden sollen, d. h. wenn sie dazu beitragen sollen, uns dazu in die Lage zu versetzen, die Probleme, mit denen wir konfrontiert sind, anzugehen.

4. Die Wissenschaft in der Gesellschaft

A. Wissenschaften und Demokratie

Wollte man versuchen, das von mir bisher in bezug auf das Problem der wissenschaftlichen Erkenntnis Gesagte zusammenzufassen, dann sähe diese Zusammenfassung wie folgt aus: Es gibt keinen Widerspruch oder auch nur ein Spannungsverhältnis zwischen einem zuverlässigen Wachstum von Wissen und der Herausforderung, die eine wirklich demokratische Gesellschaft darstellt. Beides ist vielmehr aufs engste miteinander verknüpft. Die Zuverlässigkeit eines wissenschaftlichen Wissens verdankt sich in der Tat ausschließlich der Überprüfung der von ihm aufgestellten Thesen, d. h. dem Interesse an dem, wodurch sie zu widerlegen sind. Es verläuft tatsächlich eine Trennungslinie zwischen denjenigen, die über die Mittel verfügen, das zu überprüfen, was man ihnen vorschlägt – das heißt zu fragen, inwiefern es für sie »von Belang« ist –, und denjenigen, die behandelt werden wie Unwissende, die lernen müssen, das von anderen hervorgebrachte Wissen zu verstehen und zu respektieren. Diese Trennungslinie wird ziemlich genau markiert vom Profil derjenigen Mächte, die in unserer Gesellschaft die Grenzen dessen markieren, was wir als Demokratie bezeichnen.

So wird zum Beispiel kein Wissenschaftler einen Industriellen, den er für seine Arbeit interessieren möchte, wie einen Unwissenden behandeln (selbst wenn er denkt, daß dieser ein Unwissender ist). Er wird ihm lediglich vermitteln, daß die Art und Weise, wie er, der Wissenschaftler, das Problem handhabt, die einzig richtige ist. Er wird sogar versuchen, dem Industriellen zu zeigen, daß er dessen Interessen, Aufgaben, Schwerpunkte versteht und kennt. Und das mit dem Ziel, ihm zu beweisen, daß seine Theorie dem Rechnung trägt. Wendet sich der Wissenschaftler hingegen an die breite Öffentlichkeit, dann wird er ohne Umschweife einen Begriff wie »Objektivität« ins Feld führen und sich auf den Unterschied berufen, der zwischen dem besteht, was bewiesen, und dem, was nicht bewiesen ist. Die breite Öffentlichkeit soll die Ergebnisse des Wissenschaftlers als einzig »vernünftige« Interpretationsweise einer Situation begreifen, respektieren und billigen. Letztlich sagt man damit indirekt, daß die Interessen der breiten Öffentlichkeit »nicht zählen«, man ihnen keine besondere Beachtung schenken muß.

Jedesmal, wenn im Namen der Wissenschaft Interessen, Forderungen oder Fragen unterdrückt werden, die die Stichhaltigkeit einer These erschüttern könnten, haben wir es mit einer zweifachen Beeinträchtigung zu tun: diejenige der demokratischen Ansprüche und diejenige der Risikoabwägung, die dem Wissen seine Vertrauenswürdigkeit verleiht. Anders ausgedrückt kann man sagen, daß unsere modernen Gesellschaften, in denen dasjenige Argument das größte Gewicht besitzt, das sich auf die Wissenschaft bzw. Objektivität im Hinblick auf durchzuführende Maßnahmen und zu treffende Entscheidungen stützt, genau die Wissenschaft haben, die sie auch verdienen. Diese ist da vertrauenswürdig, wo die Interessen, die über die Mittel, sich Anerkennung zu verschaffen, verfügen, ihre Ansprüche durchsetzen. Wenig vertrauenswürdig ist sie da, wo die verschiedenen Mächte die Freiheit haben, ihre eigenen Experten zu benennen.

Ich möchte noch einmal auf das Beispiel der Drogenpolitik zurückkommen, das uns die Möglichkeit geboten hat, die Vertrauenswürdigkeit von Experten in Frage zu stellen (1. D). Die Experten, die von der Staatsgewalt bestellt wurden, um das Verbot von Drogen zu rechtfertigen, haben, so könnten sie für sich in Anspruch nehmen, ihre Aufgabe erfüllt: sie haben ihr Wissen dargelegt. Allerdings haben sie nicht daran gedacht, den nur partiellen und parteiischen Charakter ihres Wissens darzustellen. Darüber hinaus haben sie vergessen, sich über das Fehlen anderer Experten zu wundern, deren Wissen notwendig wäre, um die Stichhaltigkeit sowie die Grenzen des eigenen Wissens festzulegen. In diesem Fall kann man ruhig deshalb von »Experten der Staatsmacht« reden, weil sie sich von einem Angebot verlocken ließen, zu dem einzig und allein die Staatsmacht fähig ist: Sie haben es zugelassen, daß die Staatsmacht sie als die einzig wirklichen Experten ansieht, die das Drogenproblem auf die einzig legitime Art und Weise handhaben.

In einer Gesellschaft, die etwas demokratischer ist als die unsere, wüßten die Experten – sie hätten es gelernt –, daß die Wissenschaft, in deren Namen sie arbeiten, mag sie auch noch so vertrauenswürdig sein in bezug auf die bevorzugten Gegenstände, denen sie ihre Entstehung verdankt, ohne weiteres ihr Wesen verändern kann, wenn sie das ihr vertraute Terrain verläßt. Die Wissenschaft kann dann zum Alibi für diejenigen werden, die sich dazu entschlossen haben, die Tragweite der von ihr erfolgreich gelösten Probleme außer acht zu lassen. Würden sie also dazu aufgefordert werden, sich mit einem Problem zu befassen, daß kein wissenschaftliches, sondern ein gesellschaftliches ist, dann wüßten diese Experten, daß ihre erste Frage lauten muß: Wo sind die anderen Experten? Wo sind die Vertreter eines anderen Wissens, das wichtig ist für mein eigenes Wissen, wenn es darum geht, daß die abzugebende Stellungnahme nicht verfälscht, nicht unvollständig und parteiisch sein soll? Zudem wüßte er, daß diese anderen Experten nicht alle eine »objektive« Beweisführung zuwege bringen würden, da sich nicht alle zu behandelnden Probleme zu einer objektiven Beweisführung eignen. Vor allem aber wüßte er, daß überhaupt nicht die Rede davon sein darf, die verschiedenen Wissensbereiche zu hierarchisieren: Sie müßten sich gegenseitig bereichern. Denn schließlich geht es weniger darum, die einzelnen Wissenschaften »weiterzubringen«, als vielmehr darum, auf der Höhe eines Problems zu sein, nach dessen Lösung die Gesellschaft verlangt.

An Hand des Beispiels der Drogenpolitik läßt sich aber noch eine weitere Komponente des Verhältnisses zwischen Wissenschaft und Demokratie veranschaulichen. Seit einigen Jahren hat sich in der Tat etwas verändert, das die Experten zu der Einsicht zwingt, daß ihr Wissen ihnen strenggenommen nichts an die Hand gibt, wodurch sie bestimmen könnten, was eine Droge oder ein Drogenabhängiger ist. Und dieses kleine »Etwas« ist die Entstehung von zwar winzigen, aber sehr aktiven Gruppen, die für die Legalisierung von Drogen eintreten. Es ist das Verdienst der niederländischen Behörden, als erste in Europa verstanden zu haben, daß es keine erfolgreiche Drogenpolitik ohne die Beteiligung derjenigen geben kann, die vordringlich von dieser Politik betroffen sind. Zu unserer großen Schande mußte die Immunschwächekrankheit Aids (die sich durch den mehrfachen Gebrauch von Spritzen sehr schnell ausbreiten konnte) erst die Drogenabhängigen dahinraffen. Dann mußte die Krankheit auch die »unbescholtenen Bürger« bedrohen, damit man endlich begriff, daß die einzige Alternative, die wir den Drogenkonsumenten einräumten – Krimineller oder Kranker –, sie als Partner für die notwendige »Reduzierung der Risiken« beim Drogenkonsum ausschloß. Bis dahin überwog ein kriminalistisches Argument vollkommen unhinterfragt alle anderen: Fragt man etwa Vergewaltiger oder Einbrecher um Rat, wenn es um die Ausarbeitung von Gesetzen geht, die der Verhinderung dieser Verbrechen dienen?

Wenn ein Experte einem »Bürger« gegenübersteht, der gelernt hat, sich darzustellen, der dazu imstande ist, sein Problem zu erläutern und darzulegen, inwiefern die gültigen Gesetze dieses noch verschärfen, der seine Rechte einzufordern weiß und die historische Relativität des Urteils über Drogen aufzeigen kann, dann ist es gleich schwieriger, ihn mit einem Vergewaltiger bzw. Einbrecher auf eine Stufe zu stellen. Genauso wenig ist es ohne weiteres möglich, ihn als »Betrüger, Verführer, Lügner und Halunken« zu bezeichnen. Die Aktivisten für eine Legalisierung des Drogenkonsums haben mittlerweile diejenigen, die angeblich wußten, was »Drogenabhängige« sind, zu der Einsicht gezwungen, daß ihr Wissen nicht den eigentlichen Kern der Sache trifft. Die Experten konnten ohne weiteres den Umstand »übersehen«, daß die Illegalität von Drogen zu einer Verschärfung der Probleme von »Drogenabhängigen« beiträgt. Diejenigen Drogenabhängigen, mit denen sie es zu tun hatten und die nicht mit Kriminellen auf eine Stufe gestellt werden wollten, mußten ja sich selbst als »krank« darstellen. Anders ausgedrückt, sie mußten entweder die Droge oder ihre eigene »psychologische« Schwäche als einzige Ursache für ihre Situation anprangern. Heute setzt sich langsam (ganz langsam) die Erkenntnis durch, daß das Schlagwort vom »Krieg gegen die Drogen« nicht nur ein Unrecht – denn die Opfer sind in erster Linie die Drogenkonsumenten –, sondern schwachsinnig ist – denn die »verteufelte« Droge wird zu etwas, wovon ein faszinierender Reiz ausgeht. Mittlerweile wird manchmal sogar das Bild einer Zukunft entworfen, in der der Drogenkonsum – Alkohol, Tabak und Psychopharmaka hierin mit eingeschlossen – als eine zwar nicht ungefährliche, aber legale Erfahrung gelten würde. Auf gesellschaftlicher Ebene müßte sie von Maßnahmen flankiert werden, mit deren Hilfe sich die Risiken verringern ließen. In erster Linie sind es die Präsenz, die Erfahrungswerte sowie das Wissen dieser Vertreter einer Legalisierung des Drogenkonsums, die diese Perspektive überhaupt ermöglichen. Sie zwingen die Gesellschaft dazu, auf der Höhe des Problems zu sein, zu dessen Fürsprecher sie sich gemacht haben.

Das Beispiel der Drogenpolitik erinnert in manchen Punkten an die Politik im Zusammenhang mit dem Paragraphen 218: Auch bei der Frage des Schwangerschaftsabbruchs hat eine geradezu absurde und bedenkliche Situation endlich ihre gesetzliche Grundlage verloren, als diejenigen, deren Interessen das Gesetz beschnitt, sich bewegt haben und dazu imstande waren, die Legitimität ihrer Interessen geltend zu machen. Im Unterschied zum Schwangerschaftsabbruch jedoch beschränkt sich die Zuständigkeit der öffentlichen Gewalt in bezug auf Drogen nicht auf eine eventuelle Gesetzesänderung. Vielmehr geht es um die Produktion von Wissen und Praktiken, die dem nunmehr bekannten Risiko angemessen sind. Es geht also um die Frage einer gesellschaftlichen und kulturellen Organisation, die nicht die Erziehung der betroffenen Bürger durch diejenigen anerkennt und fördert, die angeblich wissen, was gut für sie ist, sondern deren aktive Teilhabe an einem Problem, das sie betrifft.

B. Irrationale Träumereien

An anderer Stelle (2. B) habe ich die Frage der Krankheit offen gelassen. Genauer gesagt ging es um die Problematik des Kranken im Gegensatz zu derjenigen der Bestimmung von Ursachen und Faktoren im Labor. Diese müssen dazu geeignet sein, den Nachweis dafür zu erbringen, daß sie wesentlicher Bestandteil der Krankheit bzw. der Heilung sind. Ich habe diese Problematik deshalb ausgeklammert, weil sie, so sagte ich, zu schwerwiegend sei, um in einem Kapitel behandelt zu werden, das sich mit der »Macht des Labors« beschäftigt. Vielleicht können sich die Leser jetzt ja schon denken, daß es – einmal mehr – eigentlich eher um die Frage der einzelnen Kranken als um die Frage »des« Kranken im allgemeinen in unserer Gesellschaft geht.

Wenn sich Wissenschaftler mit einer Krankheit beschäftigen, dann haben sie es nie mit einem Kranken, sondern mit einer Vielzahl von Kranken zu tun. Sie wissen ganz genau, daß ein einzelner Erfolg bzw. eine einzelne Niederlage nichts beweist. Die einzigen gültigen Ergebnisse basieren immer auf sehr genau überprüften (insbesondere mittels des Verfahrens eines Blindtests), statistisch erfaßten Gruppen. Aber es gibt einen himmelweiten Unterschied zwischen einer statistischen Gruppe und einer Gruppe von Kranken. Die statistische Gruppe besteht aus Individuen, deren Besonderheiten getilgt werden müssen. So muß beispielsweise der Sachverhalt ausgeschlossen werden, daß es Menschen gibt, die gesund werden, nachdem sie ein Produkt zu sich genommen haben, das keine nachweisbaren Wirkungen hat – im allgemeinen spricht man in diesem Fall vom Placeboeffekt. Die Tatsache, daß auch der Arzt, der ein Testmedikament bei einer »statistischen Gruppe« prüft, selbst nicht wissen darf, ob er dieses Testmedikament oder ein Placebo verabreicht (Doppelblindtest), ist Ausdruck dafür, daß ein Kranker durchaus auch deshalb gesund werden kann, weil ihn irgend etwas am Verhalten seines Arztes davon überzeugt, daß dieser »daran glaubt«. Die Funktion der statistischen Gruppe besteht also darin, solche Heilfaktoren auszuschalten, die im Widerspruch zu einem objektiven Beweis stehen. Die Voraussetzung für einen solchen Beweis besteht nämlich darin, daß die Heilung einzig und allein auf etwas zurückzuführen ist, was sich auch beweisen läßt.

Die Beweisverfahren für die Ursachen sowohl einer Krankheit als auch einer Heilung ist unter dem Gesichtspunkt der Suche nach neuen Medikamenten völlig legitim. Aber eben auch nur unter diesem Gesichtspunkt. Vom

Standpunkt der Kranken selbst dagegen ist es absolut nebensächlich, ob die Ursachen für ihre Heilung nun nachweisbar sind oder nicht. Deshalb ist es auch vollkommen unangemessen, von einem »irrationalen« Verhalten zu sprechen, wenn ein Kranker sich beispielsweise einem Heilpraktiker oder ganz allgemein jemandem anvertraut, der keine Approbation besitzt, falls diese Entscheidung nicht bedeutet, daß er genau dort die Möglichkeiten der Schulmedizin nicht nutzt, wo diese die einzig wirksamen sind.

Das gegenwärtig herrschende Nebeneinander von Schulmedizin einerseits und nicht anerkannter Medizin andererseits ist alles andere als begrüßenswert. Kranke, die abseits der vom »Beweis« abgesteckten Pfade nach Hilfe suchen, können dies nur auf eine geradezu heimliche Art und Weise und unter Mißbilligung derjenigen tun, »die wissen«. Mit anderen Worten, man setzt sich nicht offen mit dem (relativen) Gegensatz auseinander, der zwischen den Forschungsinteressen, die dem Imperativ der »objektiven« Definition unterliegen, und der Problematik der Heilpraktiken besteht. Dieser Gegensatz wird erduldet. Dementsprechend träumen Ärzte und Forscher von dem Tag, an dem die Wissenschaften einen solchen Fortschritt gemacht haben werden, damit dieser Widerspruch sich von allein auflöst. Sie träumen von einer Zukunft, in der die Medizin zu einem Bereich der »angewandten Biologie« wird, mittels derer sich die Behandlungsmethode rational bestimmen läßt, die der jeweiligen Krankheit angemessen ist .

Niemand hat das Recht, jemand anderem das Träumen zu verbieten. Allerdings kann ein Traum durchaus zu einem politischen Problem werden, wenn ein Berufszweig ihn hegt und weiterträgt, so daß er zu einem Hemmnis für das Nachdenken über Probleme wird, mit denen die Öffentlichkeit konfrontiert ist. Der Traum von einer »rationalen« Medizin ist aber eben nichts als ein Traum: Er ist Ausdruck der Hoffnung, daß eine nicht absehbare Zukunft den Unterschied tilgt, der zwischen den mit Hilfe von Experimenten gewonnenen Erkenntnissen, die sich per definitionem für eine Überprüfung eignen, und den lebendigen und denkenden Wesen besteht. Für sie ist eine Versuchsanordnung, mittels derer eine Überprüfung möglich ist, immer eine Prüfung, ein Anlaß zu Angst, Hoffnung, Spekulation. Dieser Traum kann sich der Forscher bemächtigen und ihnen das für neue Entdeckungen notwendige Selbstvertrauen einhauchen. Warum auch nicht? Aber er wird zu einer Stütze für Irrationalität, sobald er dazu dient, die Ärzte, die es mit Kranken und nicht mit Fragen der Nachweisbarkeit zu tun haben, zu sehr abzusichern.

In der Regel bleibt ein Traum so lange lebendig, wie es an Alternativen mangelt und nichts das Interesse für diejenigen Aspekte der Wirklichkeit weckt, die der Traum auszulöschen versucht. Ein Arzt, der mit einem einzelnen Kranken konfrontiert ist, der über sein Leiden klagt und Hilfe erwartet, muß heute von einer Zukunft träumen, in der er auf dessen Klagen eingehen und ihm helfen kann. Aber dennoch bietet auch schon die Gegenwart durchaus Perspektiven. Wie im Fall der Drogenpolitik ist die Bildung von Interessengruppen, die sich ihres Problems bewußt und dazu imstande sind, die Frage zu stellen, inwiefern und unter welchen Bedingungen eine bestimmte Praxis hilfreich für sie ist, die Voraussetzung dafür, diese Perspektiven auch umzusetzen. Hierbei denke ich zum Beispiel an die Aids-Hilfegruppen, die sich nicht mehr einfach nur mit ihrer Opferrolle abgefunden haben und ihr Schicksal einfach nur erduldeten, sondern die Medizin und die Gesellschaft insgesamt mit dem Problem Aids zu konfrontieren wußten.

In den traditionellen Gesellschaften haben es die Medizinmänner nicht mit einem einzelnen Kranken zu tun, der nach Hilfe verlangt, sondern mit einem Träger von Zeichen oder Botschaften, die vielleicht seine ganze Sippe betreffen und die entschlüsselt werden müssen. Die Bedeutung dieser

Zeichen kann auf Konflikte verweisen – wie etwa im Fall einer Verhexung –, auf nicht erfüllte Forderungen eines Wesens, das einer anderen Realität entstammt, oder der Beherrschung des Kranken durch ein solches Wesen. In jedem Fall hat die Gemeinschaft ein Interesse an dem Kranken. Und das Interesse, das er hervorruft, ist Teil der Techniken, mittels derer sowohl die Bedeutung seines Leidens als auch die ihm angemessene Behandlungsmethode festgelegt werden. Sicher kann man der Meinung sein, daß zum Beispiel bei einer ansteckenden Infektionskrankheit Antibiotika wirksamer sind als seit Alters überlieferte Heilmethoden. Allerdings muß man berücksichtigen, daß man sich in diesem Fall fast reflexartig für einen ganz bestimmten Krankheitstyp als Beispiel entschieden hat. Tatsächlich hat es der Arzt im Falle einer ansteckenden Infektionskrankheit weniger mit einem Kranken als vielmehr mit einem »Terrain« zu tun, auf dem sich Mikroorganismen rasend schnell vermehren. Somit kann der Arzt von der Macht der Beweisführung Pasteurs profitieren. Er braucht sich nur mit den Mikroorganismen zu befassen, die es abzutöten gilt, und darf getrost den Körper, in dem sie sich vermehren, »vergessen«. Wir haben es also wieder mit einer Situation zu tun, die ein doch so rationaler Arzt sich erträumt. Im Gegensatz hierzu bedürfen die althergebrachten Heilmethoden dieses Traums nicht, und man kann sagen, daß sie insofern außerordentlich »rational« sind. Alles das, was einem Beweis im Wege steht, – und hierbei in erster Linie die Tatsache, daß die Kranken denkende und sich artikulierende Wesen sind, die Fragen stellen wie: »Was geschieht mit mir?«, »Wieso ich?«, »Was bedeutet mein Leben mir eigentlich?« –, gehört hier zur Heilbehandlung. Die Bedeutung des Übels sowohl für den betroffenen Kranken als auch für seine Angehörigen zu enthüllen, ist elementarer Bestandteil der Heilbehandlung.

Sicher, wir haben schon seit langem keinen wirklichen Zugang mehr zu den Quellen, die derartige Behandlungsmethoden überhaupt ermöglichen. Aber vielleicht weisen uns ja die Aids-Selbsthilfegruppen den Weg zu den uns gemäßen Quellen. Hierbei handelt es sich nicht um »Selbsterfahrungsgruppen«, deren Merkmal das ihnen gemeinsame Leiden, eine gemeinsame Verletzlichkeit oder eine ihnen gemeinsame hoffnungsvolle Hörigkeit denen gegenüber ist, die ihnen helfen könnten. Vielmehr sind es Zusammenschlüsse von Menschen, die die Situation, in der sie sich befinden, analysieren. Sie suchen zu ergründen, was diese Situation unerträglich macht. Sie fordern Entscheidungen und Maßnahmen, die sie dazu in die Lage versetzen, bis zum Eintritt des Unvermeidlichen ein lebenswertes Leben zu führen. Kurz gesagt, sie entwickeln die politische Bedeutung dessen, was mit ihnen passiert. Die politische Frage ist hier zu verstehen als die Frage danach, was Öffentlichkeit ist und wie diejenigen, die Teil dieser Öffentlichkeit sind, mit ihren jeweils unterschiedlichen oder sich widersprechenden Interessen zusammenleben können. Und weil die Definition ihrer Krankheit keine rein medizinische ist, sondern dieser auch eine politische Dimension zu eigen ist, stellen sie für die Ärzte eine neue Art von anspruchsvollen, störenden Partnern dar, die die bisherigen Spielregeln über den Haufen werfen. Die Ärzte benötigen diese neue Art Partner, um zu lernen, sich für Dimensionen der Krankheit zu interessieren, die ihr ursprünglicher Traum eigentlich auflösen wollte.

Niemand kennt die Zukunft einer Seuche wie Aids. Aber schon jetzt ist es aufgrund dessen, was diese Immunschwächekrankheit bewirkt hat, möglich, das Bild einer Zukunft zu entwerfen. In dieser Zukunft wird die Rationalität der experimentellen medizinischen Forschung sich nicht in einen irrationalen Machttraum verwandeln, sobald man sich von den Forschungsstätten an die Heilstätten begibt. Das bedeutet für die Betroffenen die Möglichkeit, nachzufragen, was mit ihnen passiert, die Möglichkeit zu einer nicht mehr rein medizinischen Definition ihrer Situation. Diese Definition kann in genau dem Maße, in dem sie die Arbeit der Ärzte erschwert, diese zu einer Praxis bewegen, die der Tatsache Rechnung trägt, daß man es mit denkenden Wesen zu tun hat, nicht mit Körpern, von denen man sich erträumt, daß sie ihr Gehirn ausgeschaltet haben.

C. Utopie

Sowohl im Fall der Drogenpolitik als auch in dem von Aids muß man natürlich unterscheiden zwischen der konkreten Lösung der Probleme und dem Prozeß, der zu einer Lösung führen kann. Ich interessiere mich in erster Linie für den Prozeß, denn vor diesem Horizont lassen sich Verbindungen herstellen – etwa zwischen den beiden genannten Fällen einerseits und innovativen, konstruktiven Verfahrensweisen andererseits –, während die Wissenschaften analytisch trennen. Darüber hinaus ist ein solcher Prozeß mit einem Demokratieverständnis verbunden, das sehr viel anspruchsvoller ist als das gegenwärtig vorherrschende. Es ist fast ausschließlich von den beiden Aspekten Meinungsfreiheit und Wahlen geprägt.

Wenn wissenschaftliches Handeln vertrauenswürdig ist, wenn die Vereinigungen von Betroffenen dazu beitragen, daß rationaler mit der Drogen- bzw. Aidsproblematik umgegangen wird, dann verdankt sich dieser Umstand nicht etwa der herrschenden Meinungsfreiheit oder der Möglichkeit, daß die Menschen für die eine oder andere Lösung »stimmen«. In all diesen Fällen haben wir es weder mit einem Mehrheitsbeschluß noch mit einem Zusammenschluß individueller Meinungen zu tun, sondern mit der Entstehung aktiver Minderheiten. Diese Minderheiten erheben nicht den Anspruch, zur Mehrheit zu werden, sondern »einen Unterschied zu markieren«, die eigenen Kriterien und Interessen in eine bestehende Problematik miteinzubringen. Wenn die Frage gestellt werden kann, inwiefern eine bestimmte Beweisführung für einen von Belang ist, dann kommt damit weniger eine Meinung zum Ausdruck als vielmehr die Existenz eines »Wir«, eines Kollektivs, das über seine eigenen Handhaben, seine eigenen Forderungen verfügt. Ich würde zu behaupten wagen, daß sowohl das, was wir als Rationalität als auch das, was wir als Demokratie bezeichnen, sich immer dann weiterentwickelt, wenn es zur Entstehung einer Gruppe kommt, in der sich Menschen zusammenfinden. Von diesen Menschen meinte man bis dahin, daß man ihnen keine Beachtung schenken müsse. Genauer gesagt, zu Fortschritten kommt es immer dann, wenn das Selbstverständnis einer solchen Gruppe nicht auf einer fest umrissenen und überheblichen Identität basiert. Es sollte im Gegenteil auf dem Bewußtsein vom Risiko der Existenz basieren. Darüber hinaus sollte sich die Gruppe als Träger neuer Forderungen verstehen, die das Leben der Gemeinschaft erschweren. Sie sollte die Gemeinschaft daran hindern, jemals wieder das zu verschweigen, was nach wie vor als etwas »Nebensächliches« angesehen worden wäre, das sich »irgendwann von ganz allein geregelt« hätte, wenn diese Gruppe nicht entstanden wäre.

Unter diesem Blickwinkel wäre die wichtigste Forderung einer wirklich demokratischen Gesellschaft dieselbe wie diejenige in bezug auf den Prozeß, in dessen Verlauf es zu einer wahrhaft rationalen Erarbeitung von Antworten auf Fragestellungen kommt, mit denen sich diese Gesellschaft auseinandersetzen muß. Für die Qualität unserer Kenntnisse, für deren Fähigkeit, auf der Höhe derjenigen Wirklichkeit zu sein, auf die sie sich beziehen, gäbe es infolgedessen nur ein einziges Kriterium: daß alle diejenigen sich aktiv dafür interessieren, die über die Möglichkeit verfügen, einer Dimension dieser Wirklichkeit Geltung zu verschaffen; alle diejenigen also, die dazu beitragen können, daß das

Problem, mit dem wir »die« Wirklichkeit konfrontieren, die vielfältigen Forderungen berücksichtigt, die diese Wirklichkeit an uns heranträgt. Sobald das Wissen der anderen nicht die Kraft zur Innovation, zur Schaffung neuer Probleme aufweist, sobald kein Wissen mehr ausgebildet würde und es der Unterwerfung unter die Macht wiche, lebten wir dementsprechend nicht mehr unter demokratischen und rationalen Verhältnissen. Und das im Namen des Gemeinwohls, das angeblich über die Einzelinteressen hinausgeht, im Namen der Rationalität, von der man glaubt, daß jede Anschauung hinter sie zurücktreten würde.

Demokratie und Rationalität würden sich also durch ein und dieselbe Forderung auszeichnen: die Entwicklung von Prinzipien, die den Menschen die Möglichkeit bieten soll, sich für dasjenige Wissen zu interessieren, das für sich den Anspruch erhebt, den Menschen den Weg in die mit Hilfe dieses Wissens entworfene Zukunft zu weisen. Darüber hinaus zwingen diese Prinzipien besagtes Wissen dazu, sich darzustellen und seine Entscheidungen, seine Stichhaltigkeit, die von ihm bevorzugt behandelten genauso wie die von ihm vernachlässigten Fragestellungen offenzulegen.

Meine Ausführungen mögen ziemlich idealistisch wirken, weil das alles letztlich darauf hinauslaufen würde, von denjenigen, die den Anspruch erheben, über das Wissen zu verfügen, zu verlangen, daß sie um so mehr Arbeit auf sich nehmen. Sie müßten sich zu um so größerem Scharfblick und Aufklärung verpflichten, je langlebiger ihr Wissen zu sein verlangt und je nachhaltiger es für sich beansprucht, am Entwurf der gemeinsamen Zukunft beteiligt zu sein. Das ist gleichbedeutend mit der Forderung, daß die Mächte – zumindest diejenigen, die sich als demokratisch legitimierte verstehen – die Entwicklung von Prinzipien fördern, die die betroffenen Menschen dazu in die Lage versetzen, die Ausübung der jeweiligen Mächte zu erschweren. Aber auch wenn es sich insofern um eine Utopie handelt, als sie sich nicht unmittelbar verwirklicht, so halte ich doch daran fest, daß es sich nicht um eine »falsche« Utopie handelt, die von den Menschen verlangen würde, sich grundsätzlich zu verändern, zu interessenlosen oder altruistischen »Engeln« zu mutieren.

Und in dieser Hinsicht ist das Beispiel der Wissenschaften so wichtig: Wenn die Wissenschaftler dynamisch und innovativ sind – das Maß, in dem sie es sind, hierin miteingeschlossen –, so erklärt sich dies aus folgendem Umstand: Aufgrund des Systems, dem sie angehören – des Labornetzes, der Kollegen –, besteht für jeden von ihnen die Notwendigkeit, sich nicht darauf zu beschränken, für sich allein recht zu haben. Sie müssen vielmehr buchstäblich zur Entwicklung von Möglichkeiten gezwungen werden, mit deren Hilfe sich eine Verbindung zu den Argumenten der anderen herstellen läßt. Der Wissenschaftler als Individuum, das über persönliche Anschauungen verfügt, ist wirklich nichts Besonderes. Sein Wissen hat nichts zu tun mit der allgemeinen und wunderbaren Öffnung dem anderen gegenüber, mit der intersubjektiven Suche nach dem, was jenseits aller Unterschiede einen Einklang herzustellen vermag. Würde er nicht dazu gezwungen, brächte er den Argumenten der anderen keinerlei Interesse entgegen. Das Wichtige jedoch ist, daß die Verpflichtung, sich nicht auf die eigenen Argumente zu beschränken, sondern sich auf die anderen zu beziehen und ihr Interesse wecken zu müssen, um der eigenen Darstellung ein möglichst großes Gewicht zu verleihen, in diesem Fall eher wie ein positiver Zwang wirkt. Sie ist weniger eine Beschränkung, die man nur als Engel oder Held akzeptieren muß. Dieser Zwang ist der Grund für die Dynamik der Wissenschaften, insofern sie dazu imstande sind, neue Interessen zu wecken, die sowohl die Tragweite als auch den Gehalt des Wissens von jedem einzelnen fortwährend verändern. Darüber hinaus ist er der Grund für die Dynamik der technischen und industriellen Neuerungen. Die Pflicht, sich einer Prüfung durch die Interessen und Kriterien der anderen auszusetzen, kommt jedesmal dann zur Geltung, wenn ein Wissenschaftler versucht, jemand anderen (Kollege, Unternehmer, Geldgeber), von dem sowohl der Gehalt als auch die Relevanz seiner Darstellung abhängen, für diese zu interessieren. Zudem kommt sie jedesmal dann zur Geltung, wenn eine technische oder industrielle Neuerung die Vielzahl der Zwänge, Forderungen und Verpflichtungen, von denen der Erfolg abhängt, miteinbeziehen muß.

Demzufolge ist der Abstand zwischen der von mir skizzierten Utopie und der heutigen Situation nicht so groß, daß sie nur mittels einer radikalen Veränderung des Menschen zu überwinden wäre. Sie beschränkt sich darauf, auf eine klein wenig andere Art und Weise das darzustellen, was häufig als eine dramatische Kluft beschrieben wird, die unsere modernen Gesellschaften beherrscht: die Kluft zwischen der wunderbaren Dynamik der wissenschaftlich-technisch-industriellen Neuerungen, die unsere Gesellschaften einem immer schnelleren Wandlungsprozeß unterwerfen, und dem fast vollständigen Fehlen gesellschaftlicher Neuerungen. Dieses zeichnet sich dadurch aus, daß die Menschen den Wandlungsprozeß über sich ergehen lassen. Ich behaupte, daß die Kluft nicht notwendigerweise der Anlaß zu »tiefschürfenden Überlegungen« in bezug auf das Schicksal der Menschen oder die Tragödie der Moderne sein muß. Sie enthält nämlich eine politische Problematik: Es ist die Unterscheidung zwischen denjenigen, für die aufgrund der für ihr Tun maßgeblichen Prinzipien ein Zwang zur Neuerung besteht, und denjenigen, die sich durch die Freiheit auszeichnen, lediglich eine Anschauung formulieren zu müssen. Letztere geraten niemals in die Situation, Voraussetzungen und Konsequenzen, die sich hierdurch für sie ergebenden Verpflichtungen, die durch sie zustande kommenden Verbindungen oder durch sie sich ergebenden Möglichkeiten darlegen zu müssen.

D. Einwände

Der eigentliche Sinn einer Utopie besteht darin, Aufmerksamkeit für das zu wecken, was unter gewöhnlichen Umständen normal, im Blickwinkel der Utopie aber vollkommen inakzeptabel zu sein scheint. Es trägt zu einer Abspaltung der utopischen Möglichkeiten von unserer »Wirklichkeit« bei. Sollte die von mir skizzierte Utopie ihr Ziel auch nur annähernd erreicht haben, wird der Leser schon selbst an Fälle gedacht haben, in denen sich ihm Einwände gegen das, was sich selbst als Normalität ausgibt, geradezu aufdrängen. Und in diesem Fall könnten ihm die identischen Forderungen von Rationalität und Demokratie dabei behilflich sein, die gängigen Argumente zu modifizieren. Diese identischen Forderungen könnten ihn dazu veranlassen, die üblichen Beweisführungen und Inszenierungen abzulehnen, die sich dadurch auszeichnen, daß die Einwände gegen sie sich scheinbar immer nur auf solche »Werte« berufen können, die gegen die »Vernunft« gerichtet sind. Dieser Vergleich könnte den Leser dazu in die Lage versetzen, gegen die Mächte das Rationalitätsargument zu richten, auf das diese sich so gern berufen. Ich meinerseits beschränke mich hier darauf, zwei derartige Minimalforderungen anzuführen, die sich deshalb anbieten, weil sie in direktem Zusammenhang mit der Frage der Wissenschaften stehen und für meine Untersuchung wichtig sind.

Die erste Minimalforderung bezieht sich auf die Frage der Wissenschaftsvermittlung, d.h. sowohl auf die Allgemeinbildung des »zukünftigen Staatsbürgers« als auch auf diejenige der zukünftigen Wissenschaftler. Wenn sich meine hier angestellten Überlegungen als nicht völlig unnütz erweisen sollten, dann vielleicht deshalb, weil sie erhebliche Einwände gegen die Art und Weise enthalten, wie Wissenschaft vermittelt wird, und zwar an Gymnasien und Hochschulen gleichermaßen. In beiden Fällen dient die Aneignung wissenschaftlicher Kenntnisse angeblich dazu, einen Unterschied herzustellen zwischen demjenigen, der über Wissen verfügt, und demjenigen, der es nicht tut. Aus diesem Grund werden sie abgeprüft und benotet. Das Schwergewicht hierbei liegt selbstverständlich auf den gesicherten Kenntnissen, die niemand ernsthaft zu bezweifeln vermag: in den Oberstufen der Gymnasien auf dem klassischen Wissen, an den Universitäten auf etwas jüngeren Erkenntnissen, die eine Gemeinschaft von Wissenschaftlern zusammenschweißt und die für deren Praxis bürgt. Dagegen wird fast nie die Frage nach der Stichhaltigkeit dieser Kenntnisse gestellt, genauso wenig wie die nach dem selektiven Charakter, nach dem sehr seltenen Auftreten solcher Situationen, die die Voraussetzungen dafür bieten, einen »Beweis« zu erbringen. Diese Art von Fragen, die einen Unterschied macht zwischen denjenigen, die an der Entwicklung eines Wissens beteiligt sind, und denjenigen, deren Rolle sich doch bitte darauf beschränken soll, als machtlose und, wenn möglich, bewundernde Zuschauer zu fungieren, ist tatsächlich nicht Bestandteil des »Wissens«, das vermittelt wird. Derlei Fragen gehören nicht zum Lehrstoff, sie werden weder bewertet noch diskutiert. Allerdings gehören sie zum »Know-how«, das die Wissenschaftler nach ihrem Studium bei ihrer täglichen Arbeit erwerben, wenn sie zu Forschern geworden sind, die andere für ihr Tun interessieren müssen.

Anders ausgedrückt, das, was in den wissenschaftlichen Disziplinen vermittelt wird, basiert ausschließlich auf der »altbewährten« Wissenschaft. Diese hat es nicht nur geschafft, ihren Thesen Anerkennung zu verschaffen, sondern sich darüber hinaus am Entwurf einer gesellschaftlichen und technischen Welt zu beteiligen, wo der Inhalt der fraglichen Thesen Bürgerrecht genießt. Die Fragen der »altbewährten« Wissenschaften sowie die darauf basierenden »Anwendungen« sind Bestandteil unserer Wirklichkeit. Aus diesem

Grund wirken sie absolut stichhaltig: Die »richtigen Fragen« haben schließlich die Voraussetzung dafür geschaffen, daß die menschlichen Bedürfnisse befriedigt werden konnten. Aber das, womit die zukünftigen Generationen konfrontiert sein werden, das, was auch der Grund dafür ist, daß die Forderungen der Demokratie endlich zur Geltung kommen müssen, hat nichts mit den schillernden Erfolgslegenden der altbewährten Wissenschaften zu tun. Diese zukünftigen Generationen müßten dazu in die Lage versetzt werden, sich dafür zu interessieren, auf welche Weise eine Wissenschaft »zu dem wird, was sie ist«. Mit anderen Worten, deren Herrschaftsstreben müßte ihnen genauso bewußt sein wie deren Unsicherheiten, die vielfältigen Einwände, die deren Ambitionen heraufbeschwören, die für sie typischen Verbindungen zwischen Interessen und Mächten, die Hierarchisierung von Problemen, die die Vernachlässigung der einen und den Vorrang der anderen Fragestellung bedingt. Denn auf dieser Grundlage errichten sie ihre Welt. Darüber hinaus wird der Wissenschaftler »bei seiner täglichen Arbeit« lernen, die Interessen der anderen einzukalkulieren und sich mit deren Einwänden auseinanderzusetzen. Er wird Situationen schaffen, mittels derer mehrere Interessen befriedigt werden können. Auf diese Weise wird er nicht nur damit vertraut gemacht, die für sein eigenes Tun entscheidenden Dimensionen angemessen zu würdigen. Und auch wenn es dieses Gebot ist, das ihn zu Neuerungen antreibt, so nimmt er es als etwas wahr, das sich für ihn nun einmal nicht umgehen läßt. Aus diesem Grund ist er, wenn er als Experte oder wissenschaftliche Kapazität gilt, auch um so anfälliger für die Verlockungen der Macht, die ihm die Möglichkeit dazu bietet, Fragen, Schwierigkeiten und Einwänden aus dem Weg zu gehen. Es ist alles andere als selten, daß ein bestellter Experte leichtfertig zu fragen vergißt, wo eigentlich die anderen Experten sind, daß ein Wissenschaftler, dem deshalb die notwendigen finanziellen Mittel zur Verfügung stehen, weil seine Forschungen als »interessant« gelten, derartig schnell die sehr konkrete Frage aus dem Auge verliert, für »wen« sie denn interessant sind und wo denn all die anderen Forschungsarbeiten sind, die eigentlich das beachten müßten, was sein Verfahren zwangsläufig ausklammert. Diese »Vergeßlichkeit« liegt im allgemeinen nicht daran, daß die Wissenschaftler unehrlich oder verantwortungslos wären. In erster Linie erklärt sie sich aus dem Umstand, daß sie, genau wie alle anderen Menschen auch, gelernt haben, das Bild einer Wahrheit zu würdigen, die über die Anschauung obsiegt, das Bild einer Wissenschaft mithin, die eine Antwort auf die Fragen der Menschen bereithält.

Das Selbstbildnis der Wissenschaften hinterfragen. Fordern, daß die Frage des Beweises nicht diejenige der Stichhaltigkeit in Vergessenheit geraten läßt. Die Ansicht vertreten, daß ein wissenschaftliches Ergebnis, das Anspruch darauf erhebt, auch für Nichtwissenschaftler interessant bzw. stichhaltig zu sein, per definitionem darauf verzichten muß, sich auf die Autorität des Beweises zu stützen, deren negative Entsprechung die Inkompetenz der Nichtwissenschaftler ist. Darüber hinaus muß das Ergebnis dazu in der Lage sein, aktiv bei den anderen Interesse zu wecken, d. h. es muß eine Verbindung zu ihnen hergestellt werden, die sich diskutieren, verhandeln und bewerten läßt. Das sind Mindestanforderungen an eine Kultur der wissenschaftlichen Kenntnisse. So verkommt diese nicht zu einem Machtinstrument, das zwischen denjenigen unterscheidet, die es zu interessieren gilt, und denjenigen, von denen man Unterwerfung, blindes Vertrauen, Begeisterung für Fortschritt und Wahrheit verlangt. Diese Mindestanforderungen sind nicht »gegen« die Wissenschaften formuliert, auch wenn sie deren Entwicklung erschweren. Wissenschaftler haben ja eigentlich bereits gelernt, wie »Nichtwissenschaftler« zu interessieren sind: zumindest solche, die Macht besitzen. Wenn es für sie notwendig ist, sind sie ohne weiteres dazu in der Lage zu lernen, wie in der Gesellschaft Interesse geweckt werden kann.

Im Gegensatz hierzu ist die zweite Mindestforderung, die ich vorbringen möchte, »gegen« die Methoden bestimmter Wissenschaften formuliert. Konkret gesagt, gegen die sogenannten »Human-« und »Gesellschaftswissenschaften«, die, damit sie überhaupt den Anspruch auf Wissenschaftlichkeit erheben können, darauf angewiesen sind, daß ihr Gegenstand als etwas zu bestimmen ist, von dem sie sich »abheben«. Wenn beispielsweise der Soziologe diejenigen Menschen, die er untersucht, mittels Anschauungen oder stereotypen Interessen bestimmt, wenn der Psychologe die »Motivationen« definiert, die das Tun der Menschen bestimmen, dann machen sie für sich einen Gegensatz zu ihnen geltend, die ihre Sonderstellung als Wissenschaftler bekundet. Weder ihre wissenschaftlichen Standpunkte noch ihre beruflichen Interessen oder ihre Antriebe, andere Menschen von einer Position aus zu untersuchen, die ihre vorgebliche Neutralität sicherstellt, werden näher reflektiert. Mit anderen Worten, der Begriff der »wissenschaftlichen Definition« wird hier zum Problem, weil diese eine klare und dauerhafte Unterscheidung voraussetzt zwischen denjenigen, die definieren, und denjenigen, die definiert werden. Infolgedessen macht sie es erforderlich, daß diejenigen, die es zu definieren gilt, sich auch definieren lassen, mit anderen Worten, daß sie sich nicht selbst definieren. Sie setzt demnach voraus, daß diejenigen, die als Untersuchungsgegenstand dienen, sich auch dazu machen lassen.

Ich würde behaupten wollen, daß in diesem Fall die Erfordernisse der Demokratie nicht nur ein wesentlicher Bestandteil der Vertrauenswürdigkeit wissenschaftlicher Kenntnisse sind, sondern sogar eine Voraussetzung für deren Zustandekommen. Es ist ausgeschlossen, daß es zur Ausbildung eines Wissens – das diesen Namen auch verdient – über die Menschen (verstanden als denkende und handelnde

Menschen) kommt, wenn es keine realen Gruppen gibt, die ihre Mitglieder dazu in die Lage versetzen, hinsichtlich ihrer eigenen Praxis einen Standpunkt, Aufgaben und Forderungen zu formulieren. Die Existenz dieser Gruppen ist Voraussetzung für besagtes Wissen. Ich möchte nur ein einziges Beispiel anführen: Die Wissenschaft, die man als »Pädagogik« bezeichnet, kann es so lange nicht geben, wie die Lehrenden nicht über die Mittel verfügen, sich selbst als ein Kollektiv von Spezialisten zu definieren. Und solange es derartige Gruppen nicht gibt, solange die Lehrenden nicht die Mittel an der Hand haben, sich selbst unter Bezugnahme auf ihre Erfahrungen zu definieren und die Probleme aufzuwerfen, die sie wirklich interessieren, darf der Pädagoge ganz nach eigenem Gutdünken im Namen seiner »Wissenschaft« erklären, wie man zu unterrichten hat.

Ich sagte bereits, daß unsere modernen Gesellschaften genau die Wissenschaften haben, die sie verdienen. Das heißt, unsere Gesellschaften haben die Wissenschaft, die die Art und Weise verdient, in der sie die Herausforderung der Demokratie annehmen. Die vielen unkontrollierten Verbindungen, die heute zwischen Wissenschaft und Mächten bestehen, sind Ausdruck dafür, daß wir noch weit von der Einlösung der Forderung entfernt sind. Aber das wußten wir ja schon. Woran ich aber vielleicht erinnert habe, was wir so leichtfertig aus dem Blick verlieren, ist die Tatsache, daß das von uns als »Rationalität« bezeichnete Abenteuer eine ganz enge Beziehung zu dem von uns als »Demokratie« bezeichneten politischen Gebilde aufweist. Einem jeden ist doch bewußt, daß die Entstehung der »Rationalität« nicht vom Entwicklungsprozeß dieses Gebildes zu trennen ist: Zunächst offenbarte sie sich als die Eigenschaft, gegen die früher einmal vorherrschenden autoritären Verhältnisse und Legitimationsmechanismen aufzubegehren und diese zu verändern. Was man allzu leichtfertig vergißt und was ich mit dem von mir skizzierten Szenarium bezwecken will, ist, dem Leser vor Augen zu führen, daß die Rationalität diese Eigenschaft heute immer noch benötigt. Sie stellt keine neutrale Instanz zur Herstellung eines Konsens dar, die über alle Konflikte und Machtverhältnisse erhaben ist. Sie ist selbst ein Faktor, der seine Qualitäten daran anpaßt, ob er sich mit den Mächten verbindet, die für die Aufrechterhaltung und Weiterentwicklung derjenigen Kategorien verantwortlich sind, denen die Öffentlichkeit unterworfen ist, oder ob er sich mit den kleinen und aktiven Gruppen verbindet (Gruppen, die für die Legalisierung von Drogen kämpfen, Aids-Selbsthilfegruppen), die die Unerschütterlichkeit eben dieser Kategorien hinterfragen. Es sind Gruppen, die diese Kategorien ins Wanken bringen, die also, kurz gesagt, für Verfahrensweisen verantwortlich sind, ohne die es keine Demokratie gäbe.